二〇二〇年主题出版重点出版物

中华家训简史

李圣华 王锟 崔小敬 ◎ 主编

中国方正出版社

本书编委会

主　编：李圣华　王　锟　崔小敬
副主编：孙晓磊　宋清秀　鲍有为　郑微微
编　委：黄灵庚　桂栖鹏　陈开勇　曾礼军
　　　　李义琼　金晓刚　王　涛　宫凌海

目　　录

导论 …………………………………………………………（1）
　一、传统家训的起源 ………………………………………（2）
　二、传统家训发展的四个阶段 ……………………………（5）
　三、传统家训的要义与类分 ………………………………（15）

上　　篇

第一章　开创期：两汉三国家训 ………………………（23）
　一、两汉三国社会家庭状况 ………………………………（24）
　二、两汉三国家训的开创 …………………………………（26）
　三、两汉三国家训的类型和内容 …………………………（28）

第二章　成熟期：晋唐家训 ……………………………（37）
　一、晋唐社会家庭状况 ……………………………………（37）
　二、晋唐家训的成熟 ………………………………………（39）

三、晋唐家训名著 …………………………………………（42）
　　四、晋唐名臣名士家训及母训、诗训 …………………（48）

第三章　转型期：宋元家训 ……………………………（53）
　　一、宋元家训的历史转型 ………………………………（53）
　　二、宋元家训的主要特点 ………………………………（55）
　　三、宋元家训的主要内容 ………………………………（69）

第四章　普及期：明清家训 ……………………………（82）
　　一、明清家训的主要特点 ………………………………（84）
　　二、明清家训的主要内容 ………………………………（101）

下　　篇

第五章　传统家训与地域文化 …………………………（113）
　　一、吴越地区家训 ………………………………………（113）
　　二、山左地区家训 ………………………………………（118）
　　三、江右地区家训 ………………………………………（120）
　　四、湘楚地区家训 ………………………………………（125）
　　五、中原、燕赵地区家训 ………………………………（132）
　　六、八闽、岭南地区家训 ………………………………（140）
　　七、关中、巴蜀地区家训 ………………………………（145）

第六章 传统家训分类举隅······（151）
　　一、帝后家训······（154）
　　二、文士家训······（159）
　　三、名臣家训······（182）
　　四、儒林家训······（192）
　　五、望族家训······（202）
　　六、宗谱家训······（211）
　　七、商贾家训······（227）

结语 传统家训的文化价值······（240）
　　一、成人之道······（240）
　　二、齐家之道······（244）
　　三、治国之道······（249）

参考文献······（253）
后记······（259）

导　　论

在中国历史上，传统家训已有逾两千年的历史，在家庭教育、人伦教化、和宗睦族、训导俗尚、社会规范等方面起到了重要作用，成为家庭条理、宗族管理、传统教育、社会治理、政治教化的有机构成。家训历史源远流长，经历了夏商周三代的萌芽，两汉三国的开创，晋唐的成熟，宋元的转型，明清的普及。家训萌芽于先秦，出于君王和贵族，有浓厚的政治诫命色彩。真正意义上的家训兴于两汉，其产生、发展则与士人家族共同体的独立发展和自觉意识密切相关。传统士人家族共同体的发展经历了从两汉至隋唐世家大族，到宋元明清地方家族的转型，与之相适应，家训也经历了从开创、成熟到转型、普及的嬗变。宋元尤其是明清时期，家训随着家族社会和地域文化的变化更加繁复多姿。当然，不管何种家训家规，其共同点都是倡导立德树人之教，重视修身成人之道，弘扬齐家治国之法。时至今日，家训文化犹有巨大的传承价值，有裨于当代社会发展和文化繁荣。

一、传统家训的起源

家庭、宗族是中国古代社会的基本单位。狭义上说，家训指针对家人或家族的训诫、规约。广义上说，训俗、乡约、弟子规等，性质与家训相类，亦通用于家庭训诫、规范，故可纳入家训的范围。至于大量的书院院规、仪礼规约，虽与家训同源，关联密切，但在内容、特质、用途上仍与家训有着明显的区别，乃是与家训并行的文化存在。

按《尔雅》卷中《释宫第五》："宫谓之室，室谓之宫。牖户之间谓之扆，其内谓之家。"① 家本谓居室，故《玉篇》有"家人所居，通曰家"之释。② "家人""家室"之义，由"家"而来。家室谓夫妇，家人与之相通。《诗·周南·桃夭》："之子于归，宜其家室。"郑玄笺："家室，犹室家也。"《桃夭》："之子于归，宜其家人。"郑玄笺："家人，犹室家也。"③ 家庭有家长，就要有家道。《易·家人·彖》："家人，女正位乎内，男正位乎外。男女正，天地之大义也。家人有严君焉，父母之谓也。父父、子子、兄兄、弟弟、夫夫、妇妇而家道正。正家而天下定矣。"④ 谓父子、兄弟、夫妇各得其正则"家道正"，"家道正"则"天下定"。女子如何宜家，家道

---

① 《四部丛刊》景宋本。
② 《重修玉篇》卷十一，中华书局1987年版，第53页。
③ 《毛诗注疏》卷一，清嘉庆二十年南昌府学重刊宋本《十三经注疏》本，阮元校刻《十三经注疏》，中华书局2009年版，第587页。
④ 《周易》卷四，《四部丛刊》景宋本，《周易正义》卷四，第102页，阮元校刻《十三经注疏》。

如何得正，皆有赖于"正家"。

家训、家规一类的词，就目前传世资料所见，出现稍晚，至晋代、南北朝时始出现。但家训起源甚早，相关材料屡见于《尚书》《周易》《论语》等经籍中。《尚书》载唐、虞、夏、商、周历代典、谟、训、诰、誓、命。其中训、诰、命所存家训性质材料尤多。尧、舜以天下为家，《尧典》《舜典》所载尧、舜之语虽非家训，然为后世帝训源头无疑。西周初，封康叔为卫君，监殷民。周公作《酒诰》，言及"文王诰教小子，有正、有事，无彝酒"，"聪听祖考之彝训，越小大德，小子惟一"。① 彝训，即遗训。周公东征，平定"三监之乱"，命筑成周，迁殷顽民，周公以王命诰，作《多士》。成王伐奄归，作《多方》以诰庶邦。《多士》《多方》实有训俗之意，后世俗训即源于此。周公摄政，辅成王，作《无逸》以为告诫，如："呜呼！继自今嗣王，则其无淫于观、于逸、于游、于田，以万民惟正之供，无皇曰：'今日耽乐。'乃非民攸训，非天攸若，时人丕则有愆。无若殷王受之迷乱，酗于酒德哉！"又如："呜呼！我闻曰：'古之人犹胥训告，胥保惠，胥教诲，民无或胥诪张为幻。'此厥不听，人乃训之，乃变乱先王之正刑，至于小大，民否则厥心违怨，否则厥口诅祝。"② 宋儒吕祖谦《书说》卷二十六论《无逸》篇说："始以逸豫为戒，终则以

---

① 《尚书》卷八，《四部丛刊》景宋本，《尚书正义》卷十四，第437页，阮元校刻《十三经注疏》。
② 《尚书》卷九，《四部丛刊》景宋本，《尚书正义》卷十六，阮元校刻《十三经注疏》，第472—473页。

弃忠言、惑邪说、坏法度、治诽谤结之。惟无逸，然后能去其病，而所以保无逸者，亦不过是数者之戒也。"又赞此篇说："是合师长族党之论，萃为一书，入之者深而开之者至。信乎其为百代之元龟也！"① 成王封周公，周公辞不受，乃封周公子伯禽于鲁，将之国，周公诫之再三，曰："君子不施其亲，不使大臣怨乎不以。故旧无大故，则不弃也。无求备于一人。"② 曰："吾闻之曰：'德行广大而守以恭者荣，土地博裕而守以俭者安，禄位尊盛而守以卑者贵，人众兵强而守以畏者胜，聪明睿智而守以愚者益，博闻多记而守以浅者广。'此六守者，皆谦德也。夫贵为天子，富有四海，不谦者失天下，亡其身，桀、纣是也。可不慎乎！"③《论语·季氏》载孔子庭训："尝独立，鲤趋而过庭，曰：'学《诗》乎？'对曰：'未也。'曰：'不学《诗》，无以言也。'鲤退而学《诗》。他日，又独立，鲤趋而过庭，曰：'学《礼》乎？'对曰：'未也。''不学《礼》，无以立也。'鲤退而学《礼》。"④ 周公诫伯禽，孔子教子，皆开后世诫子先河。《周易》《子夏易传》中也多有"家道"之诫。又如《易·蒙》："九二，包蒙吉，纳妇吉。子克家。"《象》曰："子克家，刚柔接也。"《子夏易传》卷一云："家道大者，莫先于正夫妇也。居中贵而委身于卑，能接

---

① 《四库全书》本。
② 《论语·微子》，《论语注疏》卷十八，第5497页。
③ 《说苑》卷十，《四部丛刊》景明抄本，刘向撰：《说苑校证》卷十，中华书局1987年版，第240页。
④ 《论语注疏》卷十六，阮元校刻《十三经注疏》，第5480页。

之以礼者也。子能克家，莫过是也。"①

家训萌芽于先秦，形态以诫勉辞为主，其近源则为儒家修身、齐家、治国、平天下的大人之学。《易·家人·彖》"正家而天下定"，《子夏易传》"家道大者，莫先于正夫妇"，意谓正家庭人伦而化成天下。又如《易·家人》："上九，有孚，威如，终吉。"《象》曰："威如之吉，反身之谓也。"《子夏易传》卷四曰："刚得终于家人，天下化之，信而行之，人人正家而自为治也。夫以家人，威信之道始以令人也，其终也反信己焉，人反敬己焉。威信及而天下之治至矣。"（清《通志堂经解》本）述明"人正家治"，从而"天下之治"的道理。"家国一体"观念是传统家训生成的基础，"正家而天下定"也奠立了传统家训的基本取向。

二、传统家训发展的四个阶段

早期的家训，以诫勉辞的形态寓含在《尚书》《周易》《诗经》《论语》《孟子》等经典中。直到两汉三国时期，家训始呈相对独立的形态。我们称之传统家训的独立开创期。

周代，诸侯有国，大夫有家。国与家皆指封地。诸侯、大夫皆有家室，齐家与治国之道相通。汉初分封制，但随着中央集权加强，诸侯有国已与周代颇异，大夫则专享爵禄，不复享有封地，其齐家之道通于仕宦。如何修身、齐家、为政，保持家族兴盛、人才辈出，成为士大夫聚焦的问题。汉代三国传世

---

① 清《通志堂经解》本。

家训，以诫子、遗令为主，知名者如刘邦《手敕太子》、孔臧《与子琳书》、司马谈遗训、刘向《诫子歆书》、马援《诫兄子严、敦书》、崔瑗临终遗令、郑玄《戒子益恩书》、蔡邕《女训》、曹操《诸儿令》、刘备《遗诏敕后主》、诸葛亮《诫子书》、王肃《家诫》等，内容或讲明立身之本、治国之道，或劝学进业，述修身进德，或告以远祸避害。举例如：

　　刘邦《手敕太子》："吾遭乱世，当秦禁学，自喜谓读书无益。洎践阼以来，时方省书，乃使人知作者之意。追思昔所行，多不是"，"尧舜不以天下与子而与它人，此非为不惜天下，但子不中立耳。人有好牛马尚惜，况天下耶？"①

　　孔臧《与子琳书》："顷来闻汝与诸友生讲疑《书》《传》，滋滋昼夜，衎衎不怠，善矣！人之进道，唯问其志，取必以渐，勤则得多。山霤至柔，石为之穿；蝎虫至弱，木为之弊。夫霤非石之凿，蝎非木之凿，然而能以微脆之形，陷坚刚之体，岂非积渐之致乎？训曰：'徒学知之未可多，履而行之乃足佳。'故学者，所以节百行也。侍中子国，明达渊博，雅好绝伦，言不及利，行不欺名，动尊礼法，少小及长，操行如故。虽与群臣并参近侍，颇待崇礼，不供亵事，独得掌御唾壶。朝廷之士，莫不荣之。此汝亲所见也。《诗》不云乎：'无念尔祖，聿修厥德。'又曰：'操斧伐柯，其则不远。'远则尼父，近则子国，于以立身，其庶矣乎！"②

---

①《古文苑》卷十，《四部丛刊》景宋本。
②《孔丛子校释》卷七，中华书局2011年版，第452页，清嘉庆间《宛委别藏》本，参见《孔丛书》卷七，《四部丛刊》景明翻宋本。

司马谈为子司马迁留遗训："且夫孝始于事亲，中于事君，终于立身。扬名于后世，以显父母，此孝之大者"，"今汉兴，海内一统，明主贤君、忠臣死义之士，余为太史而弗论载，废天下之史文，余甚惧焉，汝其念哉！"①

马援以兄子严、敦喜讥议，好轻侠，作书诫之："吾欲汝曹闻人过失，如闻父母之名，耳可得闻，口不可得言也。好议论人长短，妄是非正法，此吾所大恶也，宁死不愿闻子孙有此行也。汝曹知吾恶之甚矣，所以复言者，施衿结缡，申父母之戒，欲使汝曹不忘之耳。龙伯高敦厚周慎，口无择言，谦约节俭，廉公有威，吾爱之重之，愿汝曹效之。杜季良豪侠好义，忧人之忧，乐人之乐，清浊无所失，父丧致客，数郡毕至，吾爱之重之，不愿汝曹效也。效伯高不得，犹为谨敕之士，所谓刻鹄不成尚类鹜者也；效季良不得，陷为天下轻薄子，所谓画虎不成反类狗者也。讫今季良尚未可知，郡将下车辄切齿，州郡以为言，吾常为寒心，是以不愿子孙效也。"②

郑玄《戒子益恩书》："家事大小，汝一承之。咨尔茕茕一夫，曾无同生相依。其勖求君子之道，研钻勿替。'敬慎威仪，以近有德。'显誉成于僚友，德行立于己志。若致声称，亦有荣于所生，可不深念邪，可不深念邪！"③

---

① 司马迁：《太史公自序》，《史记》卷一百三十，中华书局1982年版，第3295页。

② 范晔：《后汉书》卷二十四《马援列传》，中华书局1965年版，第844—845页，百衲本景宋绍熙刻本。

③ 范晔：《后汉书》卷三十五《张曹郑列传》，中华书局1965年版，第1210页，百衲本景宋绍熙刻本。

诸葛亮《诫子书》:"夫君子之行,静以修身,俭以养德。非澹泊无以明志,非宁静无以致远。夫学欲静也,才欲学也。非学无以广才,非静无以成学。慆慢则不能研精,险躁则不能理性。年与时驰,意与日去,遂成枯薄,多不接世,悲守穷庐,将复何及?"[1]

以上家训讲修身、立志、处事、治国、勤学、交接、言辞、礼敬、孝亲等。亦有讲行止规范者,如王肃《家诫》:"夫酒,所以行礼,养性命欢乐也,过则为患,不可不慎。是故宾主百拜,终日饮酒,而不得醉,先王所以备酒祸也。凡为主人饮客,使有酒色而已,无使至醉。若为人所强,必退席长跪,称父戒以辞之。若为人所属,下坐行酒,随其多少,犯令行罚,示有酒而已,无使多也。祸变之兴,常于此作,所宜深慎。"[2] 家训讲行止规范,又以女训为著。如班昭《女诫》"敬慎第三""妇行第四""专心第五""和叔妹第七"各有细致的规范。"妇行第四"云:"女有四行,一曰妇德,二曰妇言,三曰妇容,四曰妇功。妇德不必才明绝异也,妇言不必辩言利辞也,妇容不必颜色美丽也;妇功不必功巧过人也。清闲贞静,守节整齐,行己有耻,动静有法,是谓妇德。择辞而说,不道恶语,时然后言,不厌于人,是谓妇言。盥浣尘秽,服饰鲜洁,沐浴以时,身不垢辱,是谓妇容。专心纺绩,不好戏

---

[1] 《诸葛武侯文集》卷一,清《正谊堂全书》本。
[2] 严可均辑:《全上古三代秦汉三国六朝文》之《全三国文》卷二十三,第2361—2362页,民国十九年景清光绪二十年黄冈王氏刻本。

笑，洁齐酒食，以奉宾客，是谓妇功。此四者，女人之大德也。"①

汉代政治体制催生出大量的名门望族。望族为保持家族发展，巩固社会地位，因此有"家约"②，注重"家声"③。至晋唐时期，门阀制度兴盛，望族重视"家风""门风""门法""家道"，家训流行，隋代以后还出现家训专书，我们称之传统家训的发展成熟期。晋唐家训接续汉代三国传统，总结前代家训经验，又自有特点：

一方面，以诫子、遗令为主体的家训，讲述修身、立命、保家、为学、为政之道。如羊祜《诫子书》、嵇康《家诫》、陶渊明《与子俨等疏》、颜延之《庭诰》、王僧虔《诫子书》、王褒《幼训》、姚崇《遗令诫子孙文》等。晋代家训颇讲保身、安家之道。西晋羊祜出身泰山名族羊氏，无子，以兄子羊篇嗣钜平侯。羊祜曾作《诫子书》："吾少受先君之教，能言之年，便召以典文。年九岁，便诲以《诗》《书》。然尚犹无乡人之称，无清异之名。今之职位，谬恩之加耳，非吾力所能致也。吾不如先君远矣，汝等复不如吾"，"恭为德首，慎为行基，愿汝等言则忠信，行则笃敬。无口许人以财，无传不经之谈，无听毁誉之语。闻人之过，耳可得受，口不得宣，思而后动。若言行无信，身受大谤，自入刑论，岂复惜汝，耻及祖

---

① 《东汉文鉴》卷九，清嘉庆间《宛委别藏》本。
② 《史记·货殖列传》。
③ 《汉书·司马迁传》。

考。思乃父言，纂乃父教，各讽诵之。"① 谆谆告以恭慎，思而后动，缄默不轻言。动荡之世，保身保家不易。嵇康作《家诫》，既言"人无志，非人也"，又言"夫言语，君子之机，机动物应，则是非之形著矣，故不可不慎"，"凡人自有公私，慎勿强知人知。彼知我知之，则有忌于我，今知而不言，则便是不知矣。若见窃语私议，便舍起，勿使忌人也"，"匹帛之馈，车服之赠，当深绝之。何者？常人皆薄义而重利，今以自竭者，必有为而作，鬻货徼欢，施而求报，其俗人之所甘愿，而君子之所大恶也"。② 嵇康自求旷达，不拘礼度，教子嵇绍则强调慎言慎行。陶渊明《与子俨等疏》告子陶俨、俟、份、佚、佟，自述己志，伤感"黾勉辞世，使汝等幼而饥寒"，仅教以"当思四海皆兄弟之义""兄弟同居，至于没齿""七世同财，家人无怨色"之理③，只字不言如何进取兴家。由此可见晋代社会动荡对家训所产生的深刻影响。隋唐一统，家训始多言立功立德、读书养志、修身进取、勉树名节。

另一方面，专门的家训著作出现。晋唐之前，家训往往为条目或单篇，附载于典籍，或以家书为载体。自南北朝而后，始有家训专书及"家训"专名。知名者如颜之推《颜氏家训》、李世民《帝范》、李恕《诫子拾遗》、卢僎《卢公家范》

---

① 《西晋文纪》卷五，清《文渊阁四库全书》本。
② 《嵇康集校注》卷十，中华书局2014年版，第545—547页。《嵇中散集》卷十，《四部丛刊》景明嘉靖间刻本。
③ 《陶渊明集》卷七，中华书局1979年版，第188页。《陶渊明集》卷八，宋刻递修本。

等。《颜氏家训》是中国历史上最早的家训专书,述如何立身治家、处世交友、治学养生,并匡正俗谬,内容涉及人生诸多层面,体例严整,为后世树立家训专书撰著的典范。宋人李正公曾用颜氏篇目而增广之,成《续颜氏家训》八卷。李世民晚年所撰《帝范》,被后世推许为帝训专书开山,总括历史兴亡及自身经验,述君体、求贤、纳谏、崇俭、务农、崇文之义,修身治国之道,备在其中,为后世树立帝训专书撰著的典范。

此外,诫子书、遗令、家训专书之外,以诗为家训载体兴起,这也是晋唐家训发展成熟的一大特征。《诗经》中一些诗句蕴含了家训的思想,但直接以诗为家训,至晋代始出现,与家训专书一样盛于唐代。如陶渊明《命子》十章,述祖德以为训诫,第八章云:"卜云嘉日,占亦良时。名汝曰俨,字汝求思。温恭朝夕,念兹在兹。尚想孔伋,庶其企而。"第十章云:"日居月诸,渐免于孩。福不虚至,祸亦易来。夙兴夜寐,愿尔斯才。尔之不才,亦已焉哉。"[①]韩愈《示儿》篇有云:"始我来京师,止携一束书。辛苦三十年,以有此屋庐。此屋岂为华,于我自有余"[②],又作《符读书城南》,有云:"木之就规矩,在梓匠轮舆。人之能为人,由腹有诗书。诗书勤乃有,不勤腹空虚。欲知学之力,贤愚同一初。由其不能学,所入遂异间","问之何因尔,学与不学欤。金璧虽重宝,费用

[①] 《陶渊明集》卷一,中华书局1979年版,第29页。《陶渊明集》卷一,宋刻递修本。

[②] 《昌黎先生文集》卷七,宋蜀本。

难贮储。学问藏之身，身在则有余"，"文章岂不贵，经训乃菑畬。潢潦无根源，朝满夕已除。人不通古今，马牛而襟裾。行身陷不义，况望多名誉。"① 晋唐诸大家以诗为训，垂范后世，宋以后遂有训子诗之盛。

宋代朝廷推行文官政治，理学大兴，广开科举取士之门，新型士大夫家族继兴。在此历史环境下，家训空前繁荣，内容和形式都发生了相应的变化。从内容上看，诫子书、遗令一类家训已非主流，家训专书数量增多；理论说教之外，出现大量的规范规约、礼仪规定，如司马光《温公家范》、范仲淹《义庄规矩》、袁采《袁氏世范》、朱熹《朱子家礼》、吕祖谦《家礼》、陈崇《陈氏家法》、吕大钧《吕氏乡约》等，其名"家范""规矩""世范""家礼""家法""乡约"，即可见之；小到幼训、童蒙，大到官箴、祭仪，乃至治生，涉及家人、家庭、家族生活的各个层面，家训对象不复限于士大夫家庭成员，而是包括社会大众、各类人群。从形式上看，趋于复杂多样化，诗训、家祭仪、斋规、家范、蒙训、塾训、家诫、遗训、终令、诫子书、官箴、阃范、母训、乡仪、乡约等，林林总总。综观两宋家训，有以下几点值得注意：

一是与理学之兴有着密切的关系。理学渗透家训，家训则构成理学兴盛的一个重要层面。从家训中，我们可以看到宋代理学的思想内涵和发展变化。

二是家训与宗法制度相关联，重于规约、范式、法度，一

---

① 《昌黎先生文集》卷六，宋蜀本。

定程度上具有制度的意义，与社会管理、国家治理连为一体。

三是重诗书传家，读书仕进。这也是宋代科举大盛、文官政治直接影响家训撰著的结果。

四是关注世用，强调经邦济世、忠君报国。这与北宋政治需求、边鄙危机及南宋渴望中兴有着直接的关系。

宋亡元兴，家训撰著由盛入衰。宋儒理学传承有绪，但主要集中在江浙、闽中、江右地区。元廷长期不开科取士，科举废弛，对家训发展产生了不小的负面影响。值得注意的是，东南汉人士子忧心世道之衰，将大量心力投入到宗谱的编纂和鼓扬中，重视族规家训，借以传承儒学，播扬传统文化，维持世道人心。如名入"北山四先生"的金履祥撰有大量宗谱序题，以为儒学鼓吹。《瀫西范氏续修家谱序》云："夫家之有谱，犹国之有史也。史以记存亡，而谱则系昭穆，盖所以尊吾之尊，亲吾之亲也。使族无谱，则祖先存殁之日莫之知，葬埋之地莫之认，吾身不知所自出，而尊尊之道乖矣；族属亲疏之名分不明，远近隆杀之服泽不识，吾亲之一体而分者视之如途人，而亲亲之道废矣。此族之所以不可无谱也"，"余见昭穆世次灿然有伦，长幼卑尊秩然有序，嘉之曰：'孝矣哉！汝二人之为虑远也。'族谱既辑，庶几可以享祀先祖，登拜坟茔，可以叙昭穆，通吊庆，昭扬先德，告戒后人，其于尊尊亲亲之义，不为小补也。后之子孙，守而弗替，祖功宗德，开卷一览，上以见其源流，下以见其嗣续，非善继善述者能之乎！"①

---

① 《龙门范氏宗谱》谱前序，清光绪十一年活字本。

总体以观，元代家训远不如宋时兴盛，但在内容和形式上基本沿续宋代家训。因此，我们称宋元时期为传统家训的转型期。

元明鼎革，汉人正统复续。朱明理学再盛，有清沿之，至清中叶有朴学大兴。明清两代近六百年间，家训作为家庭教育、政治教化、宗族维系、社会治理的一翼，得到了广泛的普及。

帝后家训、文士家训、儒林家训、名臣家训、望族家训、童蒙之训、弟子门规等，远富于前代，甚至普通的家族，乃至商贾家族，也以树立家训为尚。而宗谱编纂风气更盛于宋元，传世宗谱数万种，大都载传家训，从文献数量上说，可谓宏巨。清初陈梦雷等纂辑《古今图书集成》，其中《家范典》即得116卷，分31类。明人秦坊编《范家集略》六卷，清人陈宏谋编《五种遗规》，都有文献集成之义。从形式上看，明清家训的形态复杂多样，有家训、家诫、庭诰、诫子书、诗赋、歌谣、语录、日录、言行编、学规、斋规、仪范、官鉴、戒录、教录、杂箴、格言、论学、教约、示帖、约言、世范等。家训的对象，上至帝子王孙，下至乡野百姓，不分男子、妇幼，皆包含在内，各有训诫规约。无疑，家训在明清社会发展中的作用颇为显著。因此，我们称明清时期为传统家训的普及期。

普及化与范式化是明清家训的显著时代特征。具体来说，明代家训重于说理教化，清代家训重于条约规范。明人尚理学，故家训以说理教化为主，兼及规范条约。清代家训更趋于程式化、规约化，许多撰著存在以条规代说理的情况。当然，程式化、条规化有其社会、宗族、家庭治理的意义，但弊端也是明显的，即一定程度上钳制了人心，不利于家庭成员的个性发展。

三、传统家训的要义与类分

传统家训历经发展变化，从家人训诫、大人之学演变为具有普遍意义、涉及社会各层的家庭教育、伦理教化、规范规约，自成系统。家训的要义，始终不离于儒家基本义理。在不同的历史阶段和地域空间，家训的内容与特征也各有不同。

以时代言，周代重于"正家而天下定""聪听祖考之彝训"。两汉以诫子、遗令为主，教以读书进道、孝亲事君、保守德行，不损"家声"，大抵规约少，劝诫多。晋唐家训，诫子、遗令之外更有家训专书、诗训之作。晋人所讲于修身、立命、养德外，颇重保身、保家之道，故多谈慎言慎行。晋唐门阀制度兴盛，家训又讲求"家风""门法"。至宋代，新型士大夫家族兴起，同时理学大盛，家训与理学相表里，说理之外，复重于规约范式。元代家训式微，至明复兴。明清家训数量众多，类型复杂，内容丰富，总体上说，明代尚说理，清代重规约。

以空间言，家训初兴于北方，晋室东渡，南方家训渐兴。唐代犹北方为盛，至北宋，南北并举。迨宋室南渡，以及宋亡元兴，家训独盛于南。明代之初，家训南盛北衰的局面犹未改易，明中期后，北方家训撰著风气始兴。然自明中叶至清末，家训仍是南盛于北。自周秦以来，地域文化聿兴，齐鲁、中原、关中、吴中、浙东、闽中、岭南、江右、湘楚、巴蜀、滇黔文化等，虽彼此相互交叉影响，但流变各异，皆具相对独立的文化品格。家训也深受地域文化的影响，打上了区域文化的烙印。如齐鲁家训重于礼教，浙东家训重于用实，徽州家训不鄙治生，吴中家训重于诗书之教等。

传统家训虽沿时代而变迁，因地域而自异，但总体来说，内容不外乎述明修身、立德、立言、为学、为政、孝悌、忠信、和恕、恤世、处世、交游、治生、致用、安身、保家、远害之道。如《颜氏家训》二十篇依次谈说序致、教子、兄弟、后娶、治家、风操、慕贤、勉学、文章、名实、涉务、省事、止足、诫兵、养生、归心、书证、音辞、杂艺、终制。颜延之《庭诰》谈及明道、孝悌、习尚等，云："道者识之公，情者德之私。公通可以使神明加向，私塞不能令妻子移心。是以昔之善为士者，必捐情反道，合公屏私"，"欲求子孝必先慈，将责弟悌务为友。虽孝不待慈，而慈固植孝；悌非期友，而友亦立悌"，"习之所变亦大矣，岂惟蒸性染身，乃将移智易虑。故曰：与善人居，如入芝兰之室，久而不闻其芬，与之化矣；与不善人居，如入鲍鱼之肆，久而不知其臭，与之变矣。是以古人慎所与处。"[①] 而传统家训之要义，归于修身、齐家以治

---

① 严可均辑：《全上古三代秦汉三国六朝文》之《全宋文》卷三十六，民国十九年景清光绪二十年黄冈王氏刻本。

国、平天下，合于儒家所崇仁、义、礼、智、信、温、良、恭、俭、让。虽商贾家训，重于治生，仍不离于仁孝为本，不废义利之辨。如瑞安《海城蒋氏宗谱》载《二南公家训十则》，分言"敬祖为先""睦族为重""孝亲为本""本业为务""急公为要""禁邪淫渎""禁赌赙耗财""禁交易残刻""禁酗酒生事""禁学拳习棒"。第八条详曰："禁交易残刻。义中之利，时取不妨。刻苛盘算，必招怨谤。各宜平情，慎勿过取。"[①] 其意即求利而不悖义。

传统家训历史悠久，存在形态复杂，我们可根据其内容、体例、撰著特点等进行分类，以便认识。

从篇制尺幅上，家训可分作单篇与专书两类。家训专书出现较晚，在《颜氏家训》成书前，家训以单篇形式存在，如诫子书、遗令等。这类单篇短制多存于史书中，后人裁出为单篇文章。自唐以后，家训专书大量涌现，南宋还出现了刘清之编《戒子通录》，汇纂先秦至宋代家训。明清家训类编专书更多，如薛梦李《教家类纂》、胡达源《治家良言汇编》等，又出现了家训丛书，如陈宏谋《五种遗规》、贺瑞麟《养蒙书十种》等。

家训并存于经史子集四部，即使专书不论，大多数家训也难以归入诗文或小说家言。可入别集、总集的家训单篇，则可分为诗训、文训两大类。诗训兴于晋，唐以后盛行。如陶渊明《命子》、韩愈《符读书城南》、范质《诫儿侄八百字》、张耒

[①] 民国三年《海城蒋氏宗谱》，民国三年活字本，第83页。

17

《示儿》及陆游《示儿》《示子孙》等诗数十首，都是典型的诗训。文训则兴于汉，书为主要体裁，箴、诰、论、序等为辅。

家训内容庞杂，或为训诫劝说，或为规范条例，或为格言杂箴，分类殊难。根据内容主体特征，可分为劝谕、条规两大类。细作区分，则可分为家诫、祖训、训蒙、训俗、祭仪、家范、家法、家仪、学规、斋规、官箴、帝范、阃范、乡约等数十类。

家训对象有童蒙，有帝子王孙，有俗众，又有母训子，有父训女，有宫闱之范，亦难整齐划一。按对象范围来划分，可归为两大类：一是对象为家人或家族成员，二是对象为社会大众。社会大众之训，即训俗，是家人之训的延展。前一类又可细分为两类：一是以家人为对象的家训，二是以族人为对象的族规。

从家训撰著主体上看，有帝王后妃，有将相名臣，有名儒学者，有文章之家，有下层士子，有山林野逸，有商贾，有塾师，有闺阁，还有大量家训散见于宗谱不署撰者名氏。按作者身份，可分为帝王家训、儒林家训、名臣家训、文士家训、商贾家训等。家训分类着实不易，以上略作分析，下文更有举隅详述。

家训是传统文化的浓缩和精华。如果说家庭、家族是中国社会的"稳定器"，那么家训文化就是中国古人的"精神指针"。家训在中国社会发展中充任了重要的角色，发挥着家庭教育、人伦教化、宗法维系、家族管理、社会治理的巨大作用。家训文献也成为当代传承优秀传统文化的宝藏。深入发掘家训文化资源，去粗取精，对推进当代家风建设、国家治理现代化及传统学术文化研究，都有积极的意义。

上篇

第一章
开创期：两汉三国家训

纵观中国传统家训的历史发展，可将其分为四个时期：两汉三国的开创期，晋唐的成熟期，宋元的转型期，明清的普及期。当然，这不等于说在汉之前就没有家训，或者说没有家训思想。先秦时期，家、家长、家道这些概念已经产生。先秦时期的家训思想主要集中在君王和贵族家庭。后世托名黄帝，近似于家训的文献，有《金人铭》《巾机铭》《戒》《丹书戒》等，但这些文献产生的时代比较晚。清人严可均所辑周文王《诏太子发》，被认为是较早的家训文字，大意是文王告诫武王体恤民情，谨慎持政。然而《诏太子发》不可全信，先秦典籍中找不到它的出处，严可均当是从汉以后的文献中辑录而来。《尚书》中的若干篇文字，如《康诰》《酒诰》《梓材》等较为可信，乃周武王劝告其弟康叔，具有家训的性质，其说教具有强烈的政治意味，这也是帝训的共同特征。《国语》《左传》《战国策》中都有一些家训材料存在，说者或为帝王、或为有采邑的卿大夫。帝王家训主要是讲治国方略传授、君德培养，大夫家训则是讲私德维护以及为臣、为家之道。另外，《论语》《孟子》中还有一些对学生、家人训导的内容。整体来看，先秦家训材料散见而不成系统，且为语录体，多是后人的追记，所以不是真正意义上的家训之作。

两汉三国时期，一些有识之士意识到家训在子弟教育方面的独特作用，尝试作专门的家训。因此，我们说这是中国家训的开创期。

一、两汉三国社会家庭状况

西汉王朝创立，秦、楚以来纷乱的社会得到统一。东汉末年再度分裂，历三国分立，复统一于晋，这是两汉三国历史发展的大脉络。汉初，以"无为""清静"的黄老思想统治国家，减轻民负，社会经济得到发展。统治者重视儒学，修改和完善秦律，使法律与道德相辅相成，这就在总体上决定了当时家训的价值导向。汉惠帝、文帝、景帝基本上继续采用西汉建国初期的政策，讲求节俭，不扰百姓，对匈奴实行"和亲"政策，国家呈现出欣欣向荣的景象。汉武帝即位，西汉国力趋于鼎盛。他一方面加大对割据势力的打压，一方面抗击匈奴，并尊崇儒术，实行"罢黜百家，表章六经"的政策，[①] 儒学得到很快的发展。汉元帝起，国家开始衰落，至孺子婴时，大权落入王莽手中。王莽称帝，"托古改制"，未取得预期成效，反而加剧了社会矛盾，终于爆发了大起义。刘秀崛起，建立东

---

① 班固：《汉书》卷六《武帝纪》，中华书局1962年版，第211页。

第一章　开创期：两汉三国家训

汉，国家得到统一，社会矛盾趋于缓和。但刘秀政治的一大弊端就是外戚势力日渐膨胀，植下了外戚专权的祸根。刘秀将三公（太尉、司徒、司空）架空，设立官位不高的六位尚书分掌全国政事，宦官的势力也得到发展。汉和帝时，宦官势力进一步扩大，得以干预朝政。后来，即位皇帝大多年幼，外戚掌权，太后去世，皇帝便与宦官诛灭外戚，循环往复。汉灵帝、献帝之时，发生了宦官杀外戚何进、袁绍尽杀宦官、董卓立汉献帝杀何太后等一系列事件。

统治者的争斗，政治的腐败，引发黄巾大起义。在镇压黄巾起义的势力中，各地豪强拥兵自重，相互吞并，国家陷于大分裂、大混战。曹操挟天子以令诸侯，官渡之战大败袁绍，统一北方。赤壁之战曹操受挫，使得孙权的东吴政权得到巩固，刘备则以成都为中心建立起蜀汉政权。献帝建安二十一年（216年），曹操受封魏王。曹操死后，其子曹丕于黄初元年（220年）在洛阳称帝。黄初二年（221年），汉中王刘备在成都称汉皇帝。吴王孙权在黄龙元年（229年）于武昌称吴皇帝。由此形成三国鼎立的局面，直到司马炎代魏建晋时，国家才得到统一。

秦国商鞅变法，推行"小家庭制"。汉承秦制，为了繁殖人口、增加赋税、发展生产，国家鼓励生育，发展小家庭。按《汉书·惠帝纪》，汉惠帝甚至规定"女子年十五以上至三十不嫁，五算"①，赋税由一百二十钱提高到六百钱，借此推动

---

① 班固：《汉书》卷二，中华书局1962年版，第92页。

人口增长。国家提高小家庭作为独立的经济单位和社会细胞的地位，强调独立谋生，有利于生产的发展和财税的增加。当时大家庭则有两种形式：一是普通平民大家庭，一是士族或官僚大家庭。东汉章帝时，出现数世同居共财的大家庭。三国时期魏明帝曹叡下令废除异子之科，使父子无异财，推助了大家族家庭制度的确立。到曹叡之子曹芳之时，把持朝政的司马懿在各州设立大中正，加强以门第高低作为选拔人才的标准，造成"上品无寒门，下品无士族"，大家族家庭迅速发展起来。

两汉三国复杂的政治变迁、家族家庭的变化，对家训的创立与发展产生了深刻的影响。一定意义上说，创立时期的传统家训大都是大家族家训与官僚地主的家训。

二、两汉三国家训的开创

先看家约、家训、家戒、家声等词的产生。《史记·货殖列传》载："任公家约：非田畜所出，弗衣食；公事不毕，则身不得饮酒食肉。"① 所谓"家约"，其实就是"家训"的异名。"家训"一词，虽然先秦典籍《尚书·酒诰》中有"祖考之彝训"，《君陈》中有"周公之训"，包含家训的意思，但明确将"家"与"训"二字相连，最早出现却是在《后汉书·边让传》中。东汉蔡邕（133—192年）向何进推荐边让，说他"天授逸才，聪明贤智，髦龀凤孤，不尽家训"②。家训内

---

① 司马迁：《史记》卷一百二十九，中华书局1982年版，第3280页。
② 范晔：《后汉书》卷八十下《文苑传》，中华书局1965年版，第2646页。

容如果偏重于戒条,令人引以为戒,则称"家戒",或作"家诫"。三国时,杜恕的《家诫》即是。西汉时还强调"家声"。家族门风有优劣之分,优良的门风传播于外,形成"家声"。西汉李广,世代为将,甚有名声,其孙李陵投降匈奴,家声顿毁。《汉书·司马迁传》称:"李陵既生降,隤其家声。"颜师古注:"隤,坠也,音颓。"① 这就是说李陵败毁了家声。"家训"一词以及其异名,生成于两汉,当时人们思想上已经有了成熟的"家训"概念。

再看家训作品的创作。两汉三国时期产生了众多的家训作品,较为突出者,如刘邦《手敕太子》、刘向《诫子歆书》、孔臧《与子琳书》、班昭《女诫》、荀爽《女诫》、蔡邕《女训》、郑玄《诫子益恩书》、张奂《诫兄子书》、马援《诫兄子严、敦书》、诸葛亮《诫子书》、曹操《诫子植》、曹丕《诫子》、王修《诫子书》、杜恕《家诫》等。这一时期的家训内容多样,与当时政治历史、社会家庭、学术思潮的变化息息相关。如汉武帝推行"罢黜百家,独尊儒术"的政策,儒学定于一尊,儒家伦理道德体系、行为规范标准以及理想价值追求,反映在家训中,于是人们普遍把儒家经典奉为信条,引用古圣贤语来教导子女。儒家礼教得以强化,忠孝贞节、三从四德也成为家训的价值导向。又如汉文帝举贤良方正、汉武帝诏举贤良文学、董仲舒奏请举孝廉、魏文帝曹丕实行九品官人法等,都在家训创立与发展中起到一定的作用。

---

① 班固:《汉书》卷六十二,中华书局1962年版,第2732页。

这一时期的家训，以仕宦为主体，包括帝王家训、贵族家训、女训、遗令等在内的各类家训，都得到发展，为中国传统家训的发展奠定了良好的基础。

三、两汉三国家训的类型和内容

根据两汉三国家训的内容和特点，我们将其分作四类，分述如下：

（一）君王家训

刘邦、曹操、刘备等人都作有家训。秦王朝的骤亡给统治者带来很大的触动，他们鉴戒历史，除了在政治、经济、思想上采取相应措施外，也非常重视子弟的教育。刘邦《手敕太子》教导刘盈"汝可勤学习，每上疏宜自书"①。他本不喜儒生文人，称帝后，大臣陆贾进谏"马上得之，宁可以马上治之乎？且汤武逆取而以顺守之，文武并用，长久之术也"②，刘邦态度大变，接受建议，其中重要的做法就是重视子弟的文化学习。汉文帝刘恒是刘邦第四子，提出薄葬、节葬，以免劳民伤财，《遗诏》说："天下万物之萌生，靡不有死。死者天地之理，物之自然者，奚可甚哀？"③ 人们常常通过大办丧事来表达哀思，难免造成劳民伤财，文帝甚是不满，谓"厚葬以破

---

① 《全汉文》卷一，严可均辑：《全上古三代秦汉三国六朝文》，中华书局1958年版，第261页。

② 司马迁：《史记》卷九十七《郦生陆贾列传》，中华书局1982年版，第2699页。

③ 司马迁：《史记》卷十《孝文本纪》，中华书局1982年版，第433页。

业，重服以伤生，吾甚不取"。

刘备是汉景帝子中山靖王刘胜之后，临终有《遗诏》训诫太子刘禅，教导他多读《汉书》《礼记》，闲暇历观诸子、《六韬》《商君书》，因为这些书可"益人意智"。又告诫刘禅"勿以恶小而为之，勿以善小而不为。惟贤惟德，能服于人"，让他重视品德的修养。

曹操重视儒学教育，认为兴办教育可以使"先王之道不废，而有以益于天下"[①]。建安二十一年（216年），他想找诸儿督帅寿春、汉中、长安等地，择人时称"欲择慈孝不违吾令，亦未知用谁也。儿虽小时见爱，而长大能善，必用之。吾非有二言也，不但不私臣吏，儿子亦不欲有所私"[②]。就是说谁慈孝、有能力，不违法令，就选择谁、任用谁。

（二）外戚家训

这一时期，后妃与外戚在政治上扮演过极为重要的角色。外戚，特指帝王的母族或妻族。外戚擅权及其导致的灭族之灾，是两汉社会一个突出的现象。汉世外戚如高帝吕后、宣帝霍后、成帝赵后、章帝窦后、顺帝梁后、灵帝何后等，位高权重，家族贵盛骄奢，或恶极被诛。鉴于权族易倾、门庭改毁的教训，明智的后妃与外戚战战兢兢，谨慎训诫族人、子孙克己奉俭，结纳贤良，修身远祸，以得善终。

东汉明帝刘庄（6—75年）的马皇后是伏波将军马援小

[①] 曹操：《曹操集》卷二《修学令》，中华书局2013年版，第32页。
[②] 曹操：《曹操集》卷二《诸儿令》，第47页。

女，十三岁选入太子宫，明帝永平三年（60年）立为皇后，章帝即位，尊为皇太后。马皇后重视帝王家教，并关注对"外亲"的教育。她奉行节俭，穿粗布衣袍。其兄马廖办理母亲丧事，修坟高大了一些，乃亲自过问，要求"即时削减"。她希望外亲能够自克、自律、自制，对皇子、公主亦是如此要求。新平公主穿的衣服用细绢做成，外衣直领，马皇后即训斥了她，下令不得给予厚赐。汉明帝将与贾贵人所生之子（后为汉章帝）交给她抚养，据《列女传·明德马后》记载，马皇后曾说人未必当自生子，但患爱养不至耳。

曹丕的郭皇后（184—235年）出身于官宦世家，早年父母双亡。其性俭约，不好音乐，效慕汉明德马后之为人。对外亲训导甚严，据《三国志·后妃传》记载，常敕诫说："汉氏椒房之家，少能自全者，皆由骄奢，可不慎乎！"① 又强调外亲不得借权势逼迫贫家子女通婚，反对随便纳妾。

樊宏（？—57年）是光武帝刘秀的舅父，南阳人。其父樊重是当地有名的大地主、大商人，家教有法度，三世共财，子孙朝夕礼敬，常若公家。樊宏秉承家风，为人谦逊谨慎，经常教诫其子说："富贵盈溢，未有能终者。吾非不喜荣势也，天道恶满而好谦，前世贵戚皆明戒也。保身全己，岂不乐哉！"② 意思是，一个人富贵享受到了极点，没有能善终的，天道恶满好谦，前代贵戚的凄惨下场，足以为戒。如果能够用

---

① 陈寿：《三国志》卷五，中华书局1982年版，第166页。
② 范晔：《后汉书》卷三十二《樊宏传》，中华书局1965年版，第1121页。

聪明智慧保全身家，是人生幸事、乐事。

邓训（40—92年）是汉和帝邓皇后之父，其妻阴氏是光武帝阴皇后从弟女，南阳人。其父邓禹随刘秀征战，屡建奇功，官大司徒，封高密侯，明帝即位，拜太傅。邓禹有十三子，令各使守一艺。邓训继承父亲的为人处世之法，对五个子女都严加教育，"于闺门甚严，兄弟莫不敬惮，诸子进见，未尝赐席接以温色"，子女听从训诫，"皆遵法度，深戒窦氏，检敕宗族，阖门静居"。① 这里所说的窦氏，指章帝窦皇后，窦勋女，干乱政事，后并坐怨望谋不轨被诛。邓训深以为戒，严格约束家人的行为。

（三）名臣名士家训

两汉三国，天下由统一至分裂，又由分裂至统一，在这个特殊的历史时期，涌现出一批名臣、名士，其中多有重视家训者。

西汉酷吏尹赏素以严暴治狱著称，汉成帝永始、元延年间，"上怠于政，贵戚骄恣"，长安奸猾颇多，社会治安混乱。尹赏到位，严厉惩治犯罪触法之徒，奖赏检举之人，"视事数月，盗贼止"。病笃之时，不忘告诫诸子说："丈夫为吏，正坐残贼免，追思其功效，则复进用矣。一坐软弱，不胜任免，终身废弃，无有赦时，其羞辱甚于贪污坐赃，慎毋然！"② 意思是说，因严刑而罢官，朝廷以后回想其功绩，还有起用时，但

---

① 范晔：《后汉书》卷十六《邓寇列传》，中华书局1965年版，第616页。

② 班固：《汉书》卷九十《酷吏传》，中华书局1962年版，第3675页。

若软弱无能而罢官，则终身废弃，比贪赃枉法还要耻辱。他的四个儿子恪守父训，为官"皆尚威严，有治办名"。

司马谈（？—前110年）是西汉史学家，夏阳（今陕西韩城）人。其撰著《论六家要旨》阐述阴阳、儒、墨、名、法、道等先秦诸子学说，学问精深。其曾欲取法《国语》《世本》《战国策》《左传》等古书来撰写史书，在儿子司马迁十岁时，就用先秦古书来教育他。司马迁二十岁时，司马谈鼓励他去考察、漫游各地。元封元年（前110年），汉武帝泰山封禅，司马谈留在洛阳，遗憾因病无法参与这一盛典，临终时对司马迁说："余先周室之太史也"，"后世中衰，绝于予乎？汝复为太史，则续吾祖矣"，"为太史，无忘吾所欲论著矣。"[①] 告诫司马迁继承祖业，做好太史一职。还告诫说以孝亲立身，孝始于事亲，中于事君，终于立身，扬名于后世，以显父母，此孝之大者。除此之外，还要求司马迁修史继绝，谓幽王、厉王以后，王道缺，礼乐衰，孔子删订《诗》《书》，编撰《春秋》，学者们奉为法典。可是，孔子以后，无人再修史续接《春秋》，"余为太史而弗论载，废天下之史文，余甚惧焉，汝其念哉"！正是在父亲的要求下，司马迁产生了编写《史记》的想法。

范冉（112—185年）是东汉名士，陈留外黄（今河南民权）人。其年轻时胸怀大志，向扶风马融问经，初为县小吏，

---

① 司马迁：《史记》卷一百三十《太史公自序》，中华书局1982年版，第3295页。

后在太尉府任职。当时朝政腐败,党锢祸起,范冉去官流浪,生活贫困而不改志向,殁后,谥"贞节先生"。临终前,他对儿子说:"吾生于昏暗之世,值乎淫侈之俗,生不得匡世济时,死何忍自同于世。"① 他还让儿子向李固学习。李固任议郎、太尉等官职,因政见不合,被外戚梁冀诬陷而死。李固作为忠正耿直之人,不顾生命危险,力除弊政,其壮举为清流名士坚守节操树立了榜样。范冉让儿子向李固学习,可见范冉的人生追求和教诫之意。

向朗(168—247年)是蜀国名臣,襄阳宜城(今湖北襄阳)人,曾任巴西太守等职。诸葛亮去世后,徙左将军,封显明亭侯,有《遗言戒子》存世。他的家训突出一个"和"字:"天地和则万物生,君臣和则国家平,九族和则动得所求,静得所安。是以圣人守和,以存以亡也。"② 天地万物以和为贵,阴阳调和则万物生长,君臣协和则国家太平,九族和睦则动合所求,静得其安,圣人之所以恪守和顺,是因它关系存亡大事。他还说贫穷不可怕,和睦当可贵,子孙应尽力为之。儿子向条秉承父教,博学多识,后主刘禅景耀年间官御史中丞,入晋为江阳太守、南中军司马。

(四)女训

汉代产生了专门的女训。其中班昭的《女诫》是第一部女训,也是影响最大的一部。班昭之前,男尊女卑、男外女

---

① 范晔:《后汉书》卷八十一《独行列传》,中华书局1965年版,第2690页。

② 陈寿:《三国志》卷四十一《向郎传》,第1010页。

内、夫天妇地、夫主妇从等思想，已经散见于古书中。刘向的《列女传》从侧面体现了古人对女性的价值导向与要求。但是，此前有关女性的教诫都是零散的，从理论上对女训进行系统概括和总结的，首推班昭的《女诫》。班昭是东汉扶风安陵（今陕西咸阳）人，班彪之女，班固之妹。其博学多才，十四岁嫁同郡曹世叔，后多次被召入宫，担任皇后及妃嫔的老师。《女诫》一卷，《隋书·经籍志》《旧唐书·经籍志》《直斋书录解题》等都有著录。此书是班昭五十岁时所作，较全面地阐述了妇女所应遵循的男尊女卑、三从四德的伦理道德，奠定了传统女训的基本内容和形式。书中说教如"夫不贤，则无以御妇；妇不贤，则无以事夫"[1]，在后世产生了很大的影响。东汉大儒马融令妻女学习，刘勰《文心雕龙·诏策》则称"班姬《女诫》，足称母师也"[2]。

自从班昭的《女诫》问世，女子教育逐渐引起时人的关注。东汉文学家荀爽（128—190年）与蔡邕（132—192年）就是其中最为著名的代表。

荀爽是战国思想家荀子十二世孙，字慈明，颍阴（今河南许昌）人。其少时通晓《春秋》《论语》，在兄弟中最为贤能，时称"荀氏八龙，慈明无双"[3]，著有《易传》《诗传》《尚书

---

[1] 范晔：《后汉书》卷八十四《列女传》，中华书局1965年版，第2788页。
[2] 刘勰：《增订文心雕龙校注》卷四，中华书局2012年版，第263页。
[3] 范晔：《后汉书》卷六十二《荀爽传》，中华书局1965年版，第2051页。

正经》等书,大都亡佚,所著《女诫》则留世。荀爽的《女诫》讲求男女有别,非礼勿动。认为圣人作礼,就是为了把男女分开,男子到七岁,祖母便不抱了,女孩到七岁,祖父便不扶持了,不是亲生父母,就不同车出行,不是同胞兄弟,就不同桌吃饭。荀爽又强调敬顺,认为"顺妇"要竭节从理,昏定晨省,夜卧早起,和颜悦色,事如依侍,正身洁行,即妇女出嫁后,要尽节循理,早晚向公婆请安问好,晚睡早起,料理家务,对家人和颜悦色,动止合乎道德。荀爽的《女诫》收录在《全上古三代秦汉三国六朝文》卷六十七《全后汉文》中。

蔡邕的《女训》也影响很大。蔡邕,字伯喈,陈留圉(今河南杞县)人。汉灵帝熹平四年(175年),因经书年代久远,其与杨赐等奏请正定六经文字,灵帝允许,由他写经于石,工匠刻碑,立于太学门外,世称《熹平石经》,一时轰动朝野。蔡邕所作《女训》和《训女鼓琴》,与同时代荀爽一起,开启了名儒作文教育女儿的先河。蔡邕教导女儿说:人心就像脸面一样,需要认真修饰,脸面一旦不洗饰,则尘垢秽之,心一朝不思善,则为邪恶之人。人们往往知道修饰面容,却疏于修饰内心,真是糊涂。不修饰面容,愚者会认为这是丑,心灵不修饰,圣人会认为这是恶。他又说:对着镜子洗脸时,要想一想心灵是否纯洁;涂抹脂粉时,要想一想心情是否平和;润泽头发时,要想一想心志是不是洁明,心境是不是安顺;扎结发髻时,要想一想心态是不是端正,心意是不是严整。蔡邕要求女儿不仅要关注外表美,更要注重心灵美。他精通音律，善于弹琴。他教女儿弹琴，将之与家庭礼仪教育结合起来，训导说：公婆若叫你来鼓琴，必正坐；若问曲名，必把琴放下来；弹琴声音的大小，要视公婆坐得远近而定。蔡邕作女训，不空作说教，特别着眼于提高女性的道德心理与思想文化素质。其女不负父教，成长为很有修养和才学的女子。蔡邕的《女训》收录在《全上古三代秦汉三国六朝文》卷九十六《全后汉文》中。

第二章
成熟期：晋唐家训

西晋结束了三国对峙的局面，其统治持续了半个多世纪，五胡乱华，晋室东渡，历史进入战争频仍、政权迭代的东晋、十六国及南北朝大分裂时期，至隋唐才又重新统一。这一时期，身处乱世的明智帝王、有远见的大族乃至一般士大夫，为立身免祸、传家保国，重视对子弟的训导，家训从而走向理论的成熟与实践创作的初步繁荣期。

一、晋唐社会家庭状况

两晋至隋唐的历史状况，可以概括为：三国归晋——大分封、大动乱——大分裂、大统一。曹操死后，司马氏逐渐掌握曹魏政权。咸熙二年（265年），司马昭长子司马炎废魏帝曹奂自立，建立西晋，改元泰始。咸宁六年（280年），发兵攻吴，吴主孙皓降，吴国灭亡，南北统一。接着，司马炎采取一系列措施，天下无事，赋税平均，百姓安其业而乐其事，社会发展稳定，一度出现"太康盛世"。

司马炎推行两大制度：一是分封制。鉴于曹魏禁锢诸王，帝室失去藩卫，故泰始元年即大封宗室。诸侯王国相对独立，选用文武官员，按制建立军队。分封的异姓士族，也拥有封地、官属、军队。他希望皇族与士族两股力量互相制约，又互通婚姻，彼此结合，都为自己所用。二是士族制。魏文帝制定九品官人法，高门士族子孙世代为官。司马氏亦按照门阀高低荫庇其亲属，得到荫庇的亲属，可以只是向荫庇者交赋税、服徭役。诸侯王国、高门士族权势甚重，对中央王朝产生了巨大的威胁。

"八王之乱"后，匈奴、鲜卑、羯、氐、羌等北方少数民族贵族趁机夺取政权，立国称帝。晋室东渡，北方进入十六国时期。东晋亡后，南方经历了宋、齐、梁、陈四朝，北方则元魏分裂为东魏与西魏，继代以北齐与北周。开皇元年（581年），隋文帝杨坚灭北周，建隋。开皇九年（589年）灭陈，全国统一。杨坚采取了一系列改革措施，如废除九品中正制，实行科举制；推行北魏均田制，减轻租赋徭役；限制世家大族特权等。隋炀帝杨广即位，滥用民力，三伐高句丽，残害大臣，纵欲挥霍，致使民怨沸腾。李渊、李世民父子乘机起兵，建立唐王朝。玄武门之变后，唐太宗即位，汲取前代的教训，加强对诸王宗室的训导，推进改革，开创"贞观之治"的繁荣局面。唐王朝在玄宗开元、天宝间达到鼎盛。"安史之乱"爆发后，唐王朝逐渐走下坡路。唐亡后，进入五代十国的分裂时期。

士族制度萌于东汉，成于魏晋，衰于南朝末。士族既衰，庶族兴起。晋唐家庭状况，可以概括为：小家庭人口增加，平民大家庭发展，贵族大家庭盛极而衰。魏明帝之后，大家族家庭迅速发展起来，形成许多累世高官的名门望族。在朝代更替中，众多士族历经盛衰，此起彼落，而小家庭规模呈扩大趋势。从整体来看，大多数家庭属于祖孙三代的小家庭。有关资料显示，两汉时期户均五人，三国时期户均约五点二人，隋代有所减低，户均五人。唐代则有所增，前期户均五点九人，到唐肃宗乾元三年（760年）增至户均八点九人。这也与唐代社会制度有关，《唐律》规定："诸祖父母、父母在而子孙别籍、异财者，徒三年。"即使父母去世，兄弟们在丧服未除期间分家，也属于违法行为："诸居父母丧，生子及兄弟别籍、异财者，徒一年。"[①] 同时，还有相应的经济处罚措施。

二、晋唐家训的成熟

两晋至隋唐时期，传统家教已经积累了大量的正面经验与反面教训，有识之士对其进行概括、总结、升华，撰写系统化、理论化的家训著作，传统家训进入成熟期。魏晋南北朝是历史大动荡时期，也是家训蓬勃发展的时期。动荡的年代，官学时兴时废，子弟的教育更多由家庭来承担。社会动荡不安，造成及时行乐等思想的蔓延，引起有识之士的警觉。为使家庭子弟避免受不良风气影响，亦为子弟能够在乱世中自立自足，他们纷纷撰写家训来教诫子弟，从而产生了

---

① 杜佑：《通典》卷一百六十，清武英殿刻本。

一大批有影响的家训著作。我们说晋唐家训进入成熟期，主要指以下三个方面：

（一）家训专著的撰写

家训作品在两汉三国时期，多是单篇叙述，而晋唐时期则多专门著作，具有思想成熟、内容丰富、结构完善的特点。颜之推的《颜氏家训》被誉为"古今家训之祖"。著名的家训著作有李恕《诫子拾遗》、狄仁杰《家范》、卢僎《卢公家范》、姚崇《六诫》、李商隐《家范》、黄讷《家戒》等。另外，隋唐时期家书也成为家训的重要载体。家书类家训形式较为灵活，李华《与外孙崔氏二孩书》、舒元舆《贻诸弟砥石命》、元稹《诲侄等书》、李翱《寄从弟正辞书》等皆为代表作。君王家训源远流长，但在唐代之前都是单篇训诫之文，未有系统完整的君王家训著作。唐太宗李世民晚年撰写的《帝范》，是第一部帝王家训。书中全面论述了身为君主应如何修身、治家、理国、平天下的问题，对后世帝王家训产生了重大影响。

（二）家风、家法概念的盛行

汉人讲究"家声"，晋唐重视"家风"。家风是家庭或家族独特而稳定的传统习惯、生活风尚、行为准则与处世之道的综合，与家声相关，但包罗更广，门风、父风、兄风、家传、家法等都在其中。晋人喜谈"家风""门风"。庾信的《哀江南赋》序云："潘岳之文彩，始述家风；陆机之词赋，先陈世德。"① 潘岳作《家风诗》云："义方既训，家道颖颖。岂敢荒

---

① 庾信：《庾子山集》卷一，明刻本。

宁，一日三省。"①陆机作《文赋》序云："故作《文赋》，以述先士之盛藻。"赋云："咏世德之骏烈，诵先人之清芬。"②《魏书·杨播传》末有史臣评曰："恭德慎行，为世师范，汉之万石家风，陈纪门法，所不过也。""万石家风""陈纪门法"，虽为史事，总结则出于《魏书》。晋唐之时，家风一词应用普遍。如《晋书·刘寔传》称刘智"贞素有兄风"，《晋书·山简传》说山简"性温雅，有父风"，刘禹锡《和浙西李大夫晚下北固山》诗云："八元邦族盛，万石门风厚。"家风严谨，形成成文或不成文的奖惩条规，家风则转变为门法、家规、家法。《晋书·吴隐之传》载，吴隐之身居高官，家无余资，子孙遂"以廉慎为门法"。至后世，家规或家法作为齐家治族的规约，奖惩分明，趋于严厉，违背者受到惩戒，乃至被处死。

(三) 儒家思想的加强

汉人士族家训，自是以儒家思想为本，而少数民族家训也呈现出向儒家思想主动靠拢的趋势。晋唐是我国历史上不同民族激烈冲突又互相融合的时期，少数民族在保留其民族文化的同时，认同并汲取汉族文化，特别是儒家文化，以充实其家训内容。北魏文成帝拓跋濬的冯皇后即是一个典型代表，其指导孝文帝拓跋宏采用汉制，改革鲜卑生活习惯，并作《劝戒歌》三百余章，又作《皇诰》十八篇，教诫孝文帝。孝文帝也特别重视家训，祖孙两人家训的特点就是大量引用汉人典籍的历

---

① 张溥辑：《汉魏六朝一百三家集》卷四十五《潘岳集》。
② 陆机：《陆士衡文集》卷一，《宛委别藏》本。

史故事和伦理观念，以提高皇族文化与道德素质。

这一时期的女训也体现出儒家思想的强化。西晋裴頠（267—300年）作《女史箴》云："服美动目，行美动神。天道佑顺，常与吉人。"① 注重外在美与内在美的统一。不过总体上讲，东晋、南北朝时期社会动荡不安，女训发展并不突出。唐代少数民族遗风较重，生活相对富足，贵族妇女骄奢淫逸现象突出，女诫问题被提上日程。唐玄宗时，郑氏为劝导册为永王李璘妃的侄女，撰写《女孝经》。唐德宗时，才女宋若莘为教诲四位妹妹，撰写《女论语》。

三、晋唐家训名著

《颜氏家训》七卷，颜之推（531—595年）著。颜之推字介，琅邪临沂（今山东临沂）人。史称颜氏博览群书，无不该洽。历仕梁、北齐、北周、隋四朝，官梁散骑侍郎、北齐中书舍人、黄门侍郎、北周御史上士等职。《颜氏家训》是中国历史上最早的家训专著，《旧唐书·经籍志》《新唐书·艺文志》《崇文总目》《郡斋读书志》《直斋书录解题》等都有著录。旧题"北齐黄门侍郎颜之推撰"，《四库全书总目》认为"旧本所题，盖据作书之时"，但余嘉锡考证认为此书作于隋。此书共二十篇：《序致》《教子》《兄弟》《后娶》《治家》《风操》《慕贤》《勉学》《文章》《名实》《涉务》《省事》《止

---

① 欧阳询等编：《艺文类聚》卷十五《后妃部》，清《文渊阁四库全书》本。

足》《诫兵》《养生》《归心》《书证》《音辞》《杂艺》《终制》。《序致》述明撰写宗旨，《终制》是对死后丧事的嘱托，其余篇章皆如宋人晁公武所说"述立身治家之法，辨正时俗之谬，以训诸子孙"①，内容涉及立身、齐家、交友、处世、教子、治学、训诂、养生、文学等。作为第一部成熟的家训著作，《颜氏家训》蕴含着丰富的、有价值的教育思想和教育方法，对后世家训影响深远，奠定了中国传统文献家训的基本架构。宋人陈振孙认为"古今家训，以此为祖"②。

《百行章》一卷，杜正伦著。杜正伦，字慎徽，相州洹水（今河南安阳）人。隋仁寿中，与兄正玄、正藏俱以秀才擢第（隋代以秀才为最高科目，每科所取甚少），传为美谈。仕隋为武骑尉。入唐，深受唐太宗赏识。贞观元年（627年），以魏徵荐举，授兵部员外郎。累迁中书侍郎，兼太子左庶子。后以事贬谪，长流驩州。唐高宗显庆间，起复黄门侍郎，升中书令。著有《杜正伦集》《春坊要录》《百行章》等书。《百行章》一书，《新唐书·艺文志》《崇文总目》《通志·艺文略》都有著录，但元以后已不见著录，大概亡佚于元。杜正伦有感于当时空泛谈论道德教育的弊端，重视道德实践，撰写此书。《序》中说："世之所重，惟学为先，立身之道，莫过忠孝"，"臣每寻思此事，废寝休餐，故录要真之言，合为《百行章》一卷"。该书按照品行立章，每章阐述一品行，讲明儒家伦理

---

① 晁公武：《郡斋读书志》卷三上，宋淳祐刻本。
② 陈振孙：《直斋书录解题》卷十，清武英殿本。

道德。如《孝行章》称孝乃为人之本："孝者，百行之本，德义之基。以孝化人，人德归于厚矣。"《劝行章》强调修身向善："教人为善，莫听长恶；劝念修身，勿行非法。"受时代因素影响，书中也夹杂着一些佛教思想，谈说因果报应。此书原有百章，今存八十四章。

《帝范》四卷，李世民撰。唐太宗李世民在位期间选贤任能，励精图治，形成了历史上政治清明、经济繁荣的贞观之治。此书成于贞观二十二年（648年），乃李世民晚年为训诫太子李治而作。贞观十七年（643年），太子李承乾因失德违法被废，立魏王李泰为储君，未几李泰以罪废黜，立九子李治为太子。李治生性懦弱，缺乏理政经验。李世民放心不下，遂博采文献，总结治国经验，撰为《帝范》。《序》中说："汝以幼年，偏钟慈爱，义方多阙，庭训有乖。擢自维城之居，属以少阳之任，未辨君臣之礼节，不知稼穑之艰难。朕每思此为忧，未尝不废寝忘食。"该书共十二篇：《君体》《建亲》《求贤》《审官》《纳谏》《去谗》《诫盈》《崇俭》《赏罚》《务农》《阅武》《崇文》。《君体》讲明君王应具备的威仪："人主之体，如山岳焉，高峻而不动；如日月焉，贞明而普照。"要保持君主的仪态，就必须"宽大其志，足以兼包；平正其心，足以制断"，"奉先思孝，处位思恭，倾己勤劳，以行德义"。如此才能持威德以致远，以宽厚来怀民。《建亲》讲明分封制的利弊得失，其中说："重任不可独居，故与人共守之。"给诸王一定的权力，可收到"安危同力，盛衰一心，远近相持，亲疏两用"的效用。分封不能过之，应把握好度：

第二章 成熟期：晋唐家训

"夫封之太强，则为噬脐之患，致之太弱，则无固本之基。由此而言，莫若众建宗亲而少力，使轻重相镇，忧乐是同，则上无猜忌之心，下无侵冒之虑。"《求贤》讲明举贤、任贤、敬贤，得人而治。《纳谏》讲明广开言路，其中说："言之而是，虽在仆隶刍荛，犹不可弃也；言之而非，虽在王侯卿相，未必可容。""其义可观，不责其辩；其理可用，不责其文。"《去谗》讲明亲君子，远小人。《崇文》讲明文治。武功固然重要，但国家的安定繁荣离不开礼乐之教，所以李世民说国家乱时"则贵干戈"，太平之世则"礼乐之兴，以礼为本"，"建明堂，立辟雍。博览百家，精研六艺"，如此帝王方可"端拱而知天下，无为而鉴古今"。李世民在《后序》中说："此十二条者，帝王之大纲也。安危兴废，咸在兹焉。"践行十二条其实是很难的，因此李世民告诫李治要能居其难，不知难而退，并说"失易得难者，天位也"。《帝范》为历代有识之君所关注，宋仁宗天圣四年（1026年），皇太后命大臣录唐太宗《帝范》二卷，明成祖朱棣更是推崇备至，仿《帝范》作《圣学新法》四卷。

《诫子拾遗》四卷，李恕著。李恕，李知本之子，赵州元氏（今河北石家庄）人。《崇文总目》《新唐书·艺文志》《通志·艺文略》皆著录《诫子拾遗》四卷。其书全佚不传。宋人刘清之《戒子通录》卷三录其条目，小传云："李恕，唐中宗时县令。以《崔氏女仪》戒不及男，《颜氏家训》训遗于女，遂著《戒子拾遗》十八篇，兼教男女。令新妇子孙，人写一通，用为鉴戒云。"李恕对世人子弟修身处世之道都进行了

45

详细的阐述。如从"善为吏者树德，不善为吏者树怨"出发，要求为官子弟处处严格要求自己。又特别强调为官清廉，谨言慎行，不以权谋私。此外，还重视家法规约惩戒。

《女孝经》一卷，郑氏著。"孝"在传统家训中占有极为重要的地位。产生于秦汉间的《孝经》，在汉代被指定为必读之书，皇亲甚至亲自讲授《孝经》，推行以孝治天下。班昭撰《女诫》一卷，俗号"女孝经"①。晋唐多有女训之书，流传至今，最具代表性的是《女孝经》和《女论语》。郑氏为唐朝散郎侯莫陈邈之妻，以侄女选为永王李璘之妃，乃作《女孝经》进献。书仿《孝经》，共十八章：《开宗明义》《后妃》《夫人》《邦君》《庶人》《事舅姑》《三才》《孝治》《贤明》《纪德行》《五刑》《广要道》《广守信》《广扬名》《谏诤》《胎教》《母仪》《举恶》。书前有《进书表》，称"妾不敢自专，因以曹大家为主"。第一章《开宗明义》强调孝的重要性："孝者，广天地，厚人伦，动鬼神，感禽兽，恭近于礼。三思后行，无施其劳，不伐其善，和柔贞顺，仁明孝慈，德行有成，可以无咎。"认为实践孝行，可以成就德行，远于灾祸。出嫁的妇女，孝顺公婆要像孝敬亲生父母一样，《事舅姑》说："女子之事姑舅也，敬与父同，爱与母同。守之者，义也。执之者，礼也。"她还十分重视夫妇之道的教诫，认为夫妇之道是人伦的始端，其他人与人之间的关系都是从夫妇之道衍生出来的，所以"考其得失，非细务也"。《进书表》从阴阳、

---

① 陈振孙：《直斋书录解题》卷十。

乾坤出发,指出:"天地之性,贵刚柔焉。夫妇之道,重礼义焉。仁义礼智信者,是谓五常。五常之教,其来远矣。总而为主,实在孝乎!"《女孝经》虽然是郑氏劝导其侄女而作,但适用却是广泛的,宣扬礼教思想、提倡妇女孝敬公婆、突出女子对内在品质的要求、强调夫妇之道的可贵,都值得肯定。此书影响很大,后世出现《女孝经像》《女孝经相》等图本。

《女论语》十二章,宋若莘著。宋若莘是唐代著名学者宋廷芬的长女,贝州青阳(今河北清河)人。宋廷芬生五女,若莘、若昭、若伦、若宪、若荀,皆聪慧多才。若莘尤为突出,教诲四妹,有如严师,撰写《女论语》一书,妹若昭则详加注解,刊行于世。《女论语》不仅在民间广为流行,而且得到皇家的赞赏。明末王相将其与班昭《女诫》、明成祖后徐氏《内训》、王相母刘氏《女范捷录》合刊,编为《女四书》。《女论语》共十二章:《立身》《学作》《学礼》《早起》《事父母》《事舅姑》《事夫》《训男女》《营家》《待客》《和柔》《守节》。形式仿《论语》,用问答体,全面阐述女子日常生活应遵守的礼仪规则及立身处世之道。如《立身》阐明以"清贞"为立身之道:"凡为女子,先学立身,立身之法,惟务清贞。清则身洁,贞则身荣。"《学礼》阐明女子与人交往应遵循的礼仪:"凡为女子,当知礼数。女客相过,安排坐具。整顿衣裳,轻行缓步。敛手低声,请过庭户。问候通时,从头称叙。答问殷勤,轻言细语。"《事舅姑》阐明孝敬公婆的具体要求:"供承看养,如同父母。敬事阿翁,形容不睹。不敢随行,不敢对语。如有使令,听其嘱咐。姑坐则立,使令便去。"

《女论语》体现出的伦理道德体系颇为严密，为培养孝女、贤妇、良妻、慈母提供了典范教材。《女论语》没有突出夫死不嫁、从一而终的贞节观念，这与唐代社会状况有关。全书采用四言韵语，通俗易懂。此书的特点是看重日常生活中具体的道德礼仪准则，而非泛泛的理论说教。

四、晋唐名臣名士家训及母训、诗训

晋唐名臣家训、名士家训，除专门著作外，可列举者不少。这里略举一二，以窥一斑。母训、诗训，也附作介绍。

王祥（184—268年），字休徵，琅邪临沂（今山东临沂）人。王祥在曹魏时曾任司空，封睢陵侯，入晋拜太保，封睢陵公。他注重对儿子的教导，病危之时，写下《遗令》训诫子孙。教导儿子平时要言行一致，认为这是最大的诚实。美誉归给别人，责任自己承担，这是最高的道德。高扬声名，光宗耀祖，是最大的孝。兄弟、宗族相处和睦，是最大的顺。财产取舍，要懂得让，而不是争。王祥是历史上有名的孝子，生母早亡，继母对他不好，但他仍然十分孝敬。《晋书·王祥传》载：天寒地冻，继母想吃活鱼，王祥脱衣卧冰，"双鲤跃出，持之而归"。但王祥反对愚孝，曾告诫诸子：哀伤是孝的表现，但过了头就是愚孝。在他看来，厚葬父母和丧哀过度不足称道，而德行高尚，扬名显亲，才见孝的本根。王祥家教有方，子孙多贤才。长子肇、三子馥均官至太守，长孙俊为太子舍人，封永世侯。在王祥的影响下，弟王览亦知孝敬、友爱。王祥、王览一族，后兴于江左。

第二章 成熟期：晋唐家训

羊祜（221—278年），字叔子，泰山南城（今山东费县）人。祖父羊续在东汉灵帝时任庐江、南阳太守，父羊衜为上党太守，母亲是东汉名士蔡邕的女儿，同父姐为景献皇后。羊祜魏末任相国从事中郎。在晋武帝建立西晋之后，以尚书左仆射参与筹划灭吴，都督荆州诸军事，出镇襄阳。早年不仅受益于父亲的启蒙教育，而且也受到母亲的熏陶。羊祜的母亲蔡氏很贤淑，有义行，曾经为照看羊衜前妻的儿子而使羊祜亲兄羊承夭亡，这件事对羊祜的一生影响很大。羊祜有女无子，以兄子为嗣。他对家人要求非常严格，家教以"恭为德首，慎为行基"[①]，有《诫子书》留世。羊祜的女婿曾经提议置办产业，留着将来享用，羊祜默不作声，退而教育诸子说："此可谓知其一，不知其二。人臣树私则背公，是大惑也。"羊氏世以清廉著称，他不允许后人败坏家风，反对家人在背后议论别人是非，认为这是伤风败俗。他还要求家人言论要忠信，行为要笃敬。

陶渊明（365—427年），字元亮，浔阳柴桑（今江西九江）人。曾任江州祭酒、镇军参军、彭泽令等职。其因不满现实浊乱，毅然归隐。他教导五个儿子，天地赋予人生命，有生必有死，自古圣贤亦不能免；又说人不怕贫穷，而怕没有志向，宁可贫困终生，也不可丧失志节。陶渊明赋《命子》十章，历述祖德，教诫诸子，末章云："夙兴夜寐，愿尔斯才。尔之不才，亦已焉哉！"

---

① 羊祜：《诫子书》，《西晋文纪》卷五，《四库全书》本。

皇甫谧（215—282年），字士安，安定朝那（今甘肃平凉）人。出继为叔父后，徙居新安。《晋书·皇甫谧传》载他早年不好学，游荡无度，但有孝心，得到瓜果，辄进所后叔母任氏。任氏说："《孝经》云：'三牲之养，犹为不孝。'汝今年余二十，目不存教，心不入道，无以慰我。"又说："昔孟母三徙以成仁，曾父烹豕以存教，岂我居不卜邻，教有所阙，何尔鲁钝之甚也！修身笃学，自汝得之，于我何有？"因对皇甫谧流涕。这件事对皇甫谧触动很大，他开始用功读书，勤力不息，居贫自安，遂博综典籍百家之言，有高尚之志。

陶侃（259—334年），字士行，陶渊明曾祖父。早年丧父，得益于母湛氏的教导。家虽贫困，但其有志向，后官至侍中、太尉，都督八州军事。陶母性恭敏，贤明有则。《世说新语·贤媛》载：同郡范逵素知名，举孝廉，投宿过访。陶侃室如悬磬，陶母说："汝但出外留客，吾自为计。"遂截发延宾，锉荐喂马。这件事感动了范逵，后举荐陶侃。陶侃为浔阳小吏，监管鱼梁，尝封鲊遗母，母还鲊，以书责备说："尔为吏，以官物遗我，非惟不能益吾，乃以增吾忧也。"认为用公家的东西来孝敬，反贻亲忧。陶母的教育影响很大，唐人舒元舆曾作《陶母坟版文》一文，来纪念这位母亲。

冼夫人（？—601年），又名谯国夫人，高凉人，世为南越首领。自幼学文习武，贤明多筹略，能抚循部众，行军用师。南梁大同间，嫁高凉太守冯宝为妻，协助处理政务，规劝丈夫、训诫子孙忠君爱国。《北史·列女传》载：梁武帝时，李迁仕叛乱，诱冯宝一起作乱，遭到冼夫人的严词拒绝。冯宝

第二章 成熟期：晋唐家训

在陈取代梁不久后去世，冼夫人曾派儿子冯仆等人去京城朝拜陈武帝，陈武帝封冯仆阳春太守。广州刺史欧阳纥谋反，召冯仆，冼夫人训诫儿子说："我为忠贞，经今两代，不能惜汝负国。"遂毅然发兵，打败叛军，活捉欧阳纥，救出儿子。她常教导子孙："汝等宜尽赤心向天子。我事三代主，惟用一好心。今赐物俱存，此忠孝之报。"

崔玄暐（639—706年），本名崔晔，博陵安平（今河北安平）人。是武周时期的大臣，母卢氏，明礼法，有贤操。卢氏在丈夫去世后承担起教导儿子的责任，谆谆告诫说："吾见姨兄屯田郎中辛玄驭云：'儿子从宦者，有人来云贫乏不能存，此是好消息。若闻赀货充足，衣马轻肥，此恶消息。'吾常重此言，以为确论。比见亲表中仕宦者，多将钱物上其父母，父母但知喜悦，竟不问此物从何而来。必是禄俸余资，诚亦善事。如其非理所得，此与盗贼何别？纵无大咎，独不内愧于心？孟母不受鱼鲊之馈，盖为此也。汝今坐食禄俸，荣幸已多，若其不能忠清，何以戴天履地？孔子云虽日杀三牲之养，犹为不孝"，"特宜修身洁己，勿累吾此意也。"[①] 玄暐奉母教诫，以清谨见称，官至宰相。

唐代之前虽时有家训诗，但直到唐代，家训诗始广泛流传。王梵志（590—660年）作有家教诗，集中体现了他教育子孙的观点：一是"欲得儿孙孝，无过教及身"[②]。孝心不是

---

① 刘昫等：《旧唐书》卷九十一《崔玄暐传》。
② 王梵志：《欲得子孙孝》，《王梵志诗校注》，项楚校注，上海古籍出版社1991年版，第485页。

天生的，是靠教育形成的。孩子如果犯了错误，就要进行训导："一朝千度打，有罪更须嗔。"① 二是"家中勤检校，衣食莫令偏"②。父母要对孩子的言行勤于观察，衣食皆非小事。三是"养子莫徒使，先教勤读书"③。对孩子不能只是使唤，而应教育他多读书。韩愈（768—824年）写过《示儿》和《符读书城南》。《示儿》创作目的是"诗以示儿曹，其无迷厥初"④，诗中说："嗟我不修饰，事与庸人俱。安能坐如此，比肩于朝儒。"意思是跳脱凡庸，就需要勤学苦读，即"诗书勤乃有，不勤腹空虚"。为劝儿子专心读书，他又写下《符读书城南》，云："人之能为人，由腹有诗书。"白居易（772—846年）无子，而兄弟很多，侄子成群，为教导他们，写了《狂言示诸侄》。他说："既窃时名，又欲窃时之富贵，使己为造物者，肯兼与之乎？"⑤ 他用知足常乐来教导诸侄，告诫不要追名逐利，应知保身免祸。

---

① 王梵志：《欲得子孙孝》，《王梵志诗校注》，第485页。
② 王梵志：《夜眠须在后》，《王梵志诗校注》，第448页。
③ 王梵志：《养子莫徒使》，《王梵志诗校注》，第484页。
④ 韩愈：《昌黎先生文集》卷七，宋刻本。
⑤ 《旧唐书·白居易传》。

第三章
转型期：宋元家训

宋元时期经济发达，理学兴盛，宗族组织得到进一步发展，传统家训较隋唐更为繁荣。这一时期的家训数量增多，形式更加多样，还出现了诸多新变化。

一、宋元家训的历史转型

宋元家训新变化主要体现在以下几方面：

一是家训内容从理论说教逐渐转变为实际可操作的行为规则。司马光的《家范》是北宋家训的代表，内容较为丰富，节录儒家经典语句，常列举一些史实进行解释说明，具有一定的可操作性。如卷一《治家》强调"夫治家莫如礼。男女之别，礼之大节也，故治家者必以为先"，引用《礼记》强调男女之间不可杂乱相坐，不要有亲肤之授，嫂嫂与小叔子之间不要交流往来，不能让庶母洗刷内衣，无关家事的话语不要传到内室中去，家庭私事之言也不要在外面传播等。治家以"礼"是一个比较抽象的概念，没有具体规范来相配的话，确实不易操作。南宋及元代的家训实用性指导进一步增多，如袁采的《袁氏世范》列"求乳母令食失恩""钱谷不可多借人""税赋早纳为上""亲宾不宜多强酒"等条目，操作性变强。

二是训诫对象逐渐从家庭成员推广到社会大众。《袁氏世范》就是一部典型的训俗类家训。郑玉道的《琴堂谕俗编》集有关伦常日用的经史故事，用来教化乡里百姓。如警告不孝子孙说："渝川欧阳氏尝论之曰：父母之心，本于慈爱，子孙悖慢，不欲闻官。谓其富贵者，恐贻羞门户；贫贱者，亦望其返哺。一切包容隐忍，故不孝者获免于刑。然父母吞声饮恨之际，不觉怨气有感，是以世之不孝者，或毙于雷，或死于疫，后嗣衰微，此皆受天刑也。呜呼！王法可幸免，天诛不可逃，为人子者，可不孝乎！"诸如此类，浅近易明，便于家喻户晓。

三是家训内容从尚谈读书仕宦转变为罗列治家心得。北宋家训多教育子孙读书为宦，南宋及元代家训又重视耕读等，陆游的《放翁家训》说："复能为农，策之上也。"

宋元家训的发展变化与当时社会政治、经济文化都有着密切的关系。北宋结束五代的战乱局面，建立统一王朝后，崇文抑武，强化中央集权。宋太祖通过"杯酒释兵权"等措施削弱武将的势力，重视科举考试，提拔文臣参与政治，整个社会形成重视读书和科举的风气。科举的流行使庶民阶层能通过考试获得官职，改变自身命运，大地主贵族不再拥有专门的政治特权，同时在经济上也失去优势。地主土地所有制逐渐成为主导，士族式家族组织趋于瓦解，门阀贵族也不复存在。一些明智的士大夫开始有了危机感，为使家族保持兴盛不衰，在激烈的竞争中立于不败之地，积极编修家训，希望通过家族子弟教化，推助家族兴盛。此外，为维护社会的稳定，宋代知识分子也力图将礼教融合到家训之中。随着理学的兴盛，承载儒家伦理教化的家训成为维护社会秩序的重要力量，同时也促进了家训的长足发展。

宋元时期家族组织发展越来越完善，聚族而居的大家庭增多。如宋《刑统》规定"诸祖父母父母在，而子孙别籍异财者，徒三年"。宋代延续唐律，有的大型家庭是数世甚至十数世同居共财，成员常至几十口，其家庭结构是祖父母、父母与已婚子女或已婚孙子女组成。在这样的大家族中，家长对子孙提出要求：不仅要对家族长辈行孝道，还要努力保持祖先留下的家业，并不断发展壮大。为协调大家族内部的关系，家训、族规、家法等日趋完善。

此外，宋元政治、经济的发展也为家训繁荣提供了良好的条件。如造纸术、印刷术的发达，为家训的刻行、传播提供了重要的基础。宋元书籍刊刻便利，促进了家训的传播。司马光的《温公家范》主要讲勤俭与读书，此二条在后世家训中普遍存在。其《居家杂仪》则讲明居家日常礼节，用于规范家庭成员相应行为。后被朱子收入《朱子家礼》，被人不断学习与效仿。

二、宋元家训的主要特点

宋元时期的家训主要具有以下几个特点：

（一）家训专著数量众多

《颜氏家训》为专著式家训之始，家训专著真正大盛则现于宋代。宋代涌现出大量的家训专著，存世如范质《诫儿侄八百字》、陈崇《陈氏家法》、苏颂《魏公谭训》、司马光《家范》《书仪》、方纲《家法》、范仲淹《义庄规矩》、范纯仁《续定规条》、范之柔《续义庄规矩》、吕大钧《吕氏乡约》《蓝田吕氏祭仪》、吕大防和吕大临《家祭仪》、赵鼎《家训笔录》、叶梦得《石林家训》《石林治生家训要略》、陆游《放翁家训》、朱熹《家礼》《训学斋规》《训蒙绝句》、杨简《纪先训》、刘子翚《遗训》、吕本中《官箴》《童蒙训》、吕祖谦《家范》《少仪外传》《家塾读诗记》、吕希哲《吕氏家塾广记》、高闶《送终礼》、孙奕《履斋示儿编》、陆九韶《居家正本》《居家制用》、倪思《经锄堂杂志》、李邦献《省心杂言》、董正功《续家训》、陈淳《训蒙雅言》、袁采《袁氏世范》、郑至道《琴堂谕俗编》、彭仲刚《谕俗续编》、郑太和《郑氏规范》、佚名《家山图书》、方昕《集事诗鉴》、史浩《童丱须知》、真德秀《教子斋规》、李昌龄《李昌龄乐善录》、余靖《女训约言》、张载《女诫九章》等。还有很多失传的家训著作，如佚名《北山家训》、柳玢《诫子拾遗》、吕祖谦《闺范》、韩琦《韩氏参用古今家祭式》、朱熹《论语训蒙口义》、张时举《弟子职》《女诫》《乡约》《家仪》《乡仪》、徐伯谦《训女蒙求》、孙顾《古今家戒》、李新《塾训》、李宗思《尊幼仪训》、彭龟年《止堂训蒙》等。

  专著数量众多是宋元家训兴盛的一个重要表现。宋元时期还出现了汇集各家家训之书。据《文献通考·经籍考》，中国古代第一部家训汇编是北宋中叶孙顾编撰的《古今家戒》，今已失传。今存南宋刘清之编的《戒子通录》汇集了南宋以前大部分"家训"。刘清之（？—1190年），字子澄，号静春，江西临江人。绍兴二十七年（1157年）进士，历任建德主簿、太常寺主簿、鄂州通判、衡州通判等职。《戒子通录》收录从先秦到两宋家训171篇：卷一至卷七收父训136篇，卷八收母训35篇。此书采录繁富，如《四库提要》所评："其书博览经史群籍，凡有关庭训皆节录其大要。至于母训阃教，亦备述焉。"书中收录的家庭教育语录非常丰富，尤以为学、修身、为官、治家的内容为多。如晋人王祥《戒子孙言》："夫言行可覆，信之至也；推美引恶，德之至也；扬名显亲，孝之至也；兄弟怡怡，宗族欣欣，悌之至也；临财莫过乎让。此五者，立身之本。"乃王祥病中遗言子孙，要他们牢记信、德、孝、悌、让是立身的根本。书中节录各篇前，均附小传，介绍家训作者的生平，或家训撰写的背景。如卷二节录颜之推《家训》，小传云："颜之推，琅邪人。终隋开皇太子学士。著书二十篇，训子思鲁等，其大略具此。按：之推字子介，颜子三十五世孙。子思鲁字孔归，唐秦府记室。"卷四录杜牧《寄兄子诗》，小传："字牧之，樊川人。唐中书舍人。冬至日，寄兄子阿宜。"节录颜延之《庭诰》，小传："字延年，琅邪人。宋武帝臣。闲居无事，为《庭诰》之文，施于闺庭之内，谓不远也。按：《庭诰》有二篇，此节录其第一。"

（二）名臣显宦重视家训撰著

宋元家训著作大富，名臣显宦如范质、司马光、范仲淹、包拯、赵鼎等多有家训之作，此亦见一时风气。名臣显宦家训，关注立身为官之道，自具特色。

范质（911—964年），字文素，河北大名（今河北邯郸）人。后唐长兴四年（933年）进士，经历后梁、后唐、后晋、后汉、后周、北宋六朝，五朝为官，两朝为相。其《诫儿侄八百字》为侄儿范杲等所作，有云：

> 戒尔学立身，莫若先孝悌。
> 怡怡奉亲长，不敢生骄易。
> 战战复兢兢，造次必于是。
> 戒尔学干禄，莫若勤道艺。
> 尝闻诸格言，学而优则仕。
> 不患人不知，惟患学不至。
> 戒尔远耻辱，恭则近乎礼。
> 自卑而尊人，先彼而后己。
> 相鼠与茅鸱，宜鉴诗人刺。
> 戒尔勿放旷，放旷非端士。
> 周孔垂名教，齐梁尚清议。
> 南朝称八达，千载秽青史。
> 戒尔勿嗜酒，狂药非佳味。
> 能移谨厚性，化为凶险类。
> 古今倾败者，历历皆可记。
> 戒尔勿多言，多言者众忌。
> 苟不慎枢机，灾危从此始。
> 是非毁誉间，适足为身累。

第三章 转型期：宋元家训

举世重交游，拟结金兰契。
忿怨容易生，风波当时起。
所以君子心，汪汪淡如水。
举世好承奉，昂昂增意气。
不知承奉者，以尔为玩戏。
所以古人疾，蘧蒢与戚施。
举世重任侠，俗呼为气义。
为人赴急难，往往陷刑死。
所以马援书，殷勤戒诸子。①

诗中提出立身要先孝敬友爱，品学兼优，谦虚待人，处事端严，不嗜好酒，言语谨慎。这篇诗训流传一时，《宋史·范质传》载："从子校书郎杲求奏迁秩，质作诗晓之。时人传诵，以为劝戒。"

宋元间最有影响的家训著作当属司马光的《家范》《居家杂仪》。《家范》多载母亲训诫儿孙为官之道，如所记崔玄暐母卢氏诫子为官清廉之事，见于《旧唐书·崔玄暐传》，前已述之。又如，记李景让母亲训诫儿子执法公正，不因个人喜恶随意处理政事，也颇为典型。李景让做官时年纪已长，头发斑白，即使如此，稍有小过，母犹斥责如幼时。后李景让任浙西观察使，有左都押牙忤意，杖之而毙，军士哗然将变，李景让母当众斥子说："天子付汝以方面，国家刑法，岂得以为汝喜

---

① 吕祖谦编：《皇朝文鉴》卷十四，宋刻本。

怒之资，妄杀无罪之人乎？万一致一方不宁，岂惟上负朝廷，使垂老之母衔羞入地，何以见汝先人乎？"命脱去李景让衣，鞭笞其背，将士求情，不允。由此平息了军中不满，而李景让也记住了为官的道理。

包拯（999—1062年），字希仁，庐州合肥（今安徽合肥）人。天圣五年（1027年）进士，历任监察御史、天章阁待制、龙图阁学士、枢密副使等职。其廉洁公正，立朝刚毅，不附权贵，英明决断，敢于替百姓申不平。晚年作《家训》，强调为官要廉洁，不贪图利禄，云："后世子孙仕宦，有犯赃滥者，不得放归本家。亡殁之后，不得葬于大茔之中。不从吾志，非吾子孙。"命子包珙刻于石上，立堂屋东壁，以昭告子孙。[①]此寥寥三十七字，正是他一身正气、两袖清风的概括，足为世范。

赵鼎（1085—1147年），字元镇，号得全居士，解州闻喜（今山西闻喜）人。四岁而孤，母樊氏抚育成人。崇宁五年（1106年）进士，累迁洛阳令。高宗即位，迁户部员外郎。建炎三年（1129年），拜御史中丞。明年知建州，迁洪州。绍兴间为相，因反对和议，为秦桧所忌，罢相。知秦桧必杀己，自书"身骑箕尾归天上，气作山河壮本朝"，绝食而死，年六十三。著有《家训笔录》一卷。《家训笔录》一卷，收入《忠正德文集》卷十，又单行于世。凡三十则，后载《自志》一篇。《自序》说："吾历观京洛士大夫之家，聚族既众，必立规式，

---

① 吴曾：《能改斋漫录》卷十四，清《文渊阁四库全书》本。

为私门久远之法。今参取诸家，简而可行者，付之汝曹，世世守之。敢有违者，非吾之后也。绍兴甲子岁四月十五日，得全居士亲书。"书中内容丰富，可以看出赵鼎严谨规范、廉勤节俭的治家风范。如第一条："闺门之内，以孝友为先务。平日教子孙读书为学，正为此事。前人遗训，子孙自有一书，并司马温公《家范》，可各录一本，时时一览，足以为法，不待吾一一言之。"第二条谓子弟为官当廉洁勤勉："凡在士宦，以廉勤为本。人之才性，各有短长，固难勉强，惟廉勤二字，人人可至。廉勤所以处己，和顺所以接物。与人和，则可以安身，可以远害矣。"书中多有如何持家，如何处理家族内部事务，管理家庭财产方面的训诫。如第九条："岁收租课，诸位计口分给，不论长幼，俱为一等。五岁以上给三之一，十岁以上给半，十五岁以上全给。止给骨肉，女虽嫁，未离家，并婿甥并同。"第十四条："士宦稍达，俸入优厚，自置田产养赡有余，即以分给者均济诸位之用度不足或有余者。然不欲立为定式，此在人义风何如耳。能体吾均爱子孙之心，强行之，则吾为有后矣。"对于不肖子孙，则有惩罚措施。如第四条："子孙所为不肖，败坏家风，仰主家者集诸位子弟，堂前训饬，俾其改过。甚者，影堂前庭训。再犯，再庭训。"赵鼎《家训笔录》流传甚广，对后世《郑氏规范》等家法类族规产生了很大影响。

(三) 训俗立意强化与训俗类家训增多

宋代家训面向普罗大众的训俗立意日益强化，训俗类著作应运而生。北宋司马光《家范》不仅是为自家子孙立规矩，还意在训导大众，为天下人立规范，教导世人处理好家庭内的关系，促进社会和谐。南宋袁采的《袁氏世范》训俗之意更为明显。《袁氏世范》原题《训俗》，旨在"厚人伦而美风俗"。袁采后听从好友刘镇建议，改题《世范》。刘镇《世范序》称"其言则精确而详尽，其意则敦厚而委曲，习而行之，诚可以为孝悌，为忠恕，为善良，而有士君子之行矣"。全书分《睦亲》《处己》《治家》三部分，主要讲明儒家孝悌、忠恕思想，阐述和睦治家、修身养性、经营家产等方面的看法。《睦亲》包括如何处理父子、兄弟、亲戚关系，如何立嗣，如何处理嫁娶，如何处家，如何立遗嘱以避免财产纠纷以及再娶仪式等问题。《处己》教人如何修身养性，阐释立身、处世、言行、交游之道，强调为人贵"忠信""笃敬"，要慎言，谨交游，子弟应有正当职业等。《治家》主要是对宅舍的关防，奴婢的防闲、雇买，田产的分割、买卖、纳税等提出警示。此书教化人伦，不仅影响一族、一地，而且传播广泛，具有普遍的教化意义。

宋人郑至道的《琴堂谕俗编》、元人王结的《善俗要义》是他们任地方官时撰写的正人伦、厚风俗的训俗类著作。左详《琴堂谕俗编序》明确指出训俗类家训的社会价值，称"其义本于经书，其言明白简易，感人易入，真化民成俗之要者"，并说此书于百姓伦常日用之道有益，故可为"天下劝"。王结自言《善俗要义》"窃取古人富而教之之意，定拟到人民合行事理，名曰《善俗要义》，凡三十三件，盖将使之勤农桑，正人伦，厚风俗，远刑罚也"。具体内容包括务农桑、课栽植、广储蓄、育牝牸、畜鸡豚、养鱼鸭、兴水利（防水患附）、殖生理、治园圃、办差税（军站钱附）、聚义粮、勤学问、敦孝悌、隆慈爱（训子弟附）、友昆弟、和夫妇、别男女、正家室、尊官长、亲师儒、睦宗族、敬耆艾、正婚姻、致勤谨、择交游、赈饥馁、恤鳏寡（助死丧附）、息斗讼、禁赌博、弭盗贼、明要约、罢祈享、戒游惰等，语言通俗易懂，曲尽人情。如谈孝敬父母、友爱兄弟，说："父母者生我乳我，养之成人，教之成材。兄者与己同胞共乳，分形连气，先我而生者。果能以此思之，其所以事之者，自当竭尽子弟之职也。事父兄之道，勤力代其劳苦，治生供其奉养，更当和气柔色，宛转承顺。若家贫，甘旨不充，但衣食粗给，得其欢心，亦不失为孝悌也。"《四库提要》评价说："《善俗要义》乃结为顺德路总管时所作，以化导闾里。凡教养之法，纤悉必备，虽琐事常谈，而委曲剀切，谋画周密，如慈父兄之训子弟，循吏仁爱之意，蔼然具见于言表，尤足以见其政事之大凡。"这都准确概括了训俗类家训移风易俗的社会教化作用。

（四）家法、族规、乡约类家训兴起

宋元时期，具有强烈规约性的家法、族规、乡约类家训也大量出现。这类家训大多保存在宗谱中，偶有单篇行世。宋代以后，人们重视修家谱，注重族内世系、婚姻、亲疏远近关系，强调敬宗睦族的伦理道德教化，因此在族谱内常收录家族里制定的各种家法族规、家训家范、祖宗训诫子孙的言论，以便于教育子孙后代，使族人恪守规范。家法、族规是教育家族子孙后代的重要手段，属于家训范畴。另外，某些乡约也属于家训范畴。如吕大钧的《吕氏乡约》，名为乡约，实际上是吕氏家族的家法族规。传统社会多聚族而居，一村乃至一乡，常由一个家族或数个家族组成，一些乡约的性质几乎与家训相同。

《吕氏乡约》包括《德业相劝》《过失相规》《礼俗相交》《患难相恤》等条规。《德业相劝》主要劝说弟子"见善必行，闻过必改"；《过失相劝》主要是对"犯义之过"与"不修之过"进行劝诫。"犯义之过"指酗博斗讼、行止逾违、行不恭逊、言不忠信、造言诬毁、营私太甚等行为，"不修之过"指交友非人、游戏怠惰、动作无仪、临事不敬、用度不节等行为。《礼俗相交》是关于婚丧、祭祀、交往等礼节的规定；《患难相恤》是说乡邻与族人之间应相互救助。为保证乡约有效实行，《乡约》列《罚式》《聚会》《主事》等三则。吕大钧制定《乡约》目的是为了乡里和睦，因为"人之所赖于邻里乡党者，犹身有手足，家有兄弟。善恶利害皆与之同，不可一日而无之"，"愿与乡人共行斯道，惧德未信，动或取咎，敢举其目，先求同志。苟以为可，愿书其诺，成吾里仁之美，有望于众君子焉"。

在家规方面，元代的《郑氏规范》亦堪为经典。浦江郑氏家族，世称义门，自宋建炎初年至明初，同居十世，历经三朝，绵延三百年。郑氏家族非常重视家人教育，因此形成了良好的家风。元浙东海右道肃政廉访司佥事余阙亲书"浙东第一家"褒奖郑氏聚族而居，明太祖朱元璋亲书"孝义门"以为旌表。《郑氏规范》从冠婚丧仪礼到饮食衣服之礼，从理财治家到为人处世之道，都作了非常明确的规定，内容丰富具体。江州义门陈氏，聚族同居十余世，不析产分居，其族亦颇可观。

（五）童蒙类家训品目繁多

童蒙之训早见于周代文献，但大量童蒙著作的出现则始于宋代。如《吕氏童蒙训》《童蒙须知》《小学》《少仪外传》《教子斋规》《三字经》《百家姓》《千家诗》《十七史蒙求》《神童诗》等，或以识字为主，或重于伦理道德教育，或介绍历史知识，陶冶情趣。除识字外，其他则可归入广义的家训范畴。宋元理学名家编著的童蒙教材，如朱熹的《童蒙须知》《小学》、真德秀的《教子斋规》等，可称童蒙类家训的典范。

朱熹撰《小学》，辑录古圣先贤嘉言善行，分内、外两篇。又编《童蒙须知》一卷，阐述少儿日常生活中必须遵守的行为规范。《序》说："夫童蒙之学，始于衣服冠履，次及言语步趋，次及洒扫涓洁，次及读书写文字，及有杂细事宜，皆所当知。今逐目条列，名曰《童蒙须知》。若其修身、治心、事亲、接物，与夫穷理尽性之要，自有圣贤典训，昭然可考，当次第晓达，兹不复详著云。"其中《衣服冠履》篇强调身体端整、服装洁净，规定"男子有三紧，谓头紧、腰紧、脚紧。头谓头巾，未冠者总髻。腰谓以绦或带束腰。脚谓鞋袜。此三者要紧束，不可宽慢，宽慢则身体放肆不端严，为人所轻贱矣"。朱熹认为衣服之道意义深远，"苟能如此，则不但威仪可法，又可不费衣服"。他又以晏子虽然身处齐国宰相这样的高位却非常节俭，一件狐裘一穿就是几十年的故事，来教导孩童要"不费衣服"。《语言步趋》篇规定了说话、走路的规矩

65

仪态："常低声下气，语言详缓，不可高言喧哄，浮言戏笑。父兄长上有所教督，但当低首听受，不可妄大议论。长上检责，或有过误，不可便自分解，姑且隐默。"《洒扫涓洁》篇要求"洒扫居处之地，拂拭几案，当令洁净。文字笔砚，凡百器用，皆当严肃整齐，顿放有常处。取用既毕，复置元所"，反复强调"书几书砚，自黥其面。此为最不雅洁，切宜深戒"。《读书写文字》篇要求读书要心到、眼到、口到，写字要工整严谨。《杂细事宜》篇规定早起、饮食、侍长者、饮酒、如厕等日常琐碎之事也应该遵守规矩，如"凡开门揭帘，须徐徐轻手，不可令震惊声响"。最后郑重告诫子弟："凡此五篇，若能遵守不违，自不失为谨愿之士。必又能读圣贤之书传，恢大此心，进德修业，入于大贤君子之域，无不可者。"《童蒙须知》后来成为重要的蒙学课本之一，深受后人推崇。陈宏谋《养正遗规》卷上说："朱子既尝编次《小学》，尤择其切于日用，便于耳提面命者，著为《童蒙须知》，使其由是而循循焉。凡一物一则，一事一宜，虽至纤至悉，皆以闲其放心，养其德性，为异日进修上达之阶，即此而在矣。"

真德秀（1178—1235年），字景元，号西山，世称西山先生，福建浦城（今福建南平）人，著有《四书集编》《西山文集》《大学衍义》等。所作《教子斋规》一卷，围绕读书与做人制定规范，"简而要，切而该"，文字通俗易懂，道理简明易通。书中针对礼、坐、行、立、言、揖、诵、书等八个方面，对儿童的学习生活以及行为准则提出了非常具体的要求。"礼"要求对父母、先生"恭敬顺从，遵依教诲"，"与之言则应，教之事则行。毋得怠慢，自任己意"；"坐"要"定身端坐，齐脚敛手"，不可"伏榻靠背，偃仰倾侧"；"行"要"笼袖徐行"，不可"掉臂跳足"；"立"要"拱手正身"，不可"跛倚欹斜"；"言"要"朴实语事"，不可"妄诞，低细出声"或"叫唤"；"揖"要"低头屈腰，出声收手"，不可"轻率慢易"；"诵"要"专心看字，断句慢读，须要字字分明"，不可"目视东西，手弄他物"；"书"要"臻志把笔，字要齐整圆净"，不可"轻易糊涂"。书中认为这些行为规范都是儿童应该遵守的，"父兄所宜敬书座右"，对儿童要"时加训饬"。书中的一些规范虽过于琐碎、严厉，但总体来看，对今天的儿童教育仍有启迪意义。

（六）诗训类家训盛行

宋元诗训较隋唐更为发达，文人仕宦多有诗训。如苏轼作《并寄诸子侄》，黄庭坚作《家戒》《子弟诫》，张耒有《示儿》，陈著有《沁园春·又示诸儿》等。陆游训子诗尤多，在其传世近万首诗中，二百余首与教子有关，《示儿》《示儿礼》《示子孙》《示儿子》《示元敏》《纵笔》《示子遹》《病中示儿辈》《冬夜读书示子聿》《读经示儿子》《雨晴至园中》《五更读书示子》《读书示子遹》《寄子虡兼示子遹》《感事示儿孙》等皆是。这些教子诗涉及道德修养、为学为官、家政管理等诸多方面。徐少锦等学者将陆游诗训的内容归纳为四个方面[①]：

---

① 参见徐少锦、陈延斌：《中国家训史》，陕西人民出版社2003年版，第434页。

第一是尽忠爱国的激励和嘱托。最有名的当属临终时所作《示儿》："死去元知万事空，但悲不见九州同。王师北定中原日，家祭无忘告乃翁。"第二是报国恤民的为官之道教诲。如嘉泰二年（1202年）所作《送子龙赴吉州掾》："判司比唐时，犹幸免笞箠。庭参亦何辱，负职乃可耻。汝为吉州吏，但饮吉州水。一钱亦分明，谁能肆谗毁。"谈到判理诉讼要公正细心，不可滥用刑罚；不以官职卑微谒见上司而觉得羞耻；为官要清廉，不贪分毫。还告诫说要多向品德高洁、学问精湛的师长学习，不断加强道德修养。第三是重节崇德的处世之道传授。如绍熙三年（1192年）《示儿》诗中告诫子弟即使生活贫苦，也要保持读书人的节操，诗云："斥逐襆被归，招唤振衣起。此是鄙夫事，学者那得尔。前年还东时，指心誓江水。亦知食不足，但有饿而死。小儿教汝书，不用日十纸。字字讲声形，仍要身践履。果能称善人，便可老乡里。勿言五鼎养，肉食吾所鄙。"第四是耕读传家思想的灌输。如《七侄岁暮同诸孙来过，偶得长句》说："雨垫林宗一角巾，萧条村路并烟津。四朝遇主终身困，八世为儒举族贫。"《与子聿读经，因书小诗示之》说："经中固多趣，我老未能忘。似获连城璧，如倾九酝觞。信能明孔氏，何暇傲羲皇。努力晨昏事，躬行味始长。"《示儿子》说："禄食无功我自知，汝曹何以报明时。为农为士亦奚异，事国事亲惟不欺。道在六经宁有尽，躬耕百亩可无饥。最亲切处今相付，熟读周公七月诗。"《感事示儿孙》说："人生读书本余事，惟要闭门修孝弟。畜豚种菜养父兄，此风乃可传百世。我闻长安官道傍，至今人指魏公庄。北方俗厚终可喜，一字不识勤耕桑。"此外，陆游在教育子弟为学时还强调"躬行"，《冬夜读书示子聿》八首其三说："古人学问无遗力，少壮工夫老始成。纸上得来终觉浅，绝知此事要躬行。"陆游的诗训，语言朴实无华，富含哲理，标志着宋代诗训达到新高度。元人延续了这种家训方式，耶律楚材的教子诗通俗易懂，既有勤学不辍、自强不息的勉学教育，又有儒家伦常规范教育。

三、宋元家训的主要内容

宋元家训的内容主要包括励志勉学、修身处世、童蒙教育、睦亲治家等方面，各具特色。下面就家庭教育、家庭经济、居家生活、家长管理、女性规范等方面略作介绍。

(一) 关注家庭教育：教子读书，重于仕宦

宋代科举制度不断完善，取士众多，大开读书仕进之门。"富家不用买良田，书中自有千钟粟。安房不用架高梁，书中自有黄金屋。娶妻莫恨无良媒，书中有女颜如玉"一类的说法非常流行。这一社会思潮的出现，与宋代标举文臣政治、君主名臣倡导读书求仕有着直接的关系。因统治者和社会上层的倡导，宋人读书风气浓郁，学而仕的价值观念成为社会的主流。苏洵在《安乐铭》中说："文士用心勤读，达则为相为卿。"平民百姓也相信读书可以改变个人及家族的命运。

宋人家训对子弟所读之书也有具体规定。朱熹《家礼》说："凡所读书，必择其精要者而读之，其异端非圣贤之书传，宜禁之，勿使妄观，以惑乱其志。"陆九韶《陆氏家制·居家

正本》说："愚谓人之爱子，但当教之以孝弟忠信。所读之书，先须《六经》《语》《孟》，通晓大义。明父母、君臣、夫妇、兄弟、朋友之节，知正心、修身、齐家、治国、平天下之道，以事父母，以和兄弟，以睦族党，以交朋友，以接邻里，使不得罪于尊卑上下之际。次读史，以知历代兴衰，究观皇帝王霸，与秦汉以来为国者规模措置之方。"袁采《袁氏世范》"子弟不可废学"条说："盖子弟知书，自有所谓无用之用者存焉。史传载故事，文集妙词章，与夫阴阳卜筮，方技小说，亦有可喜之谈。"

家训中讲述具体读书为学之法。彭龟年在《读书吟示铉》中告诫弟子："吾闻读书人，惜气胜惜金。累累如贯珠，其声和且平。"郑侠《教子孙读书》云："眼见口即诵，耳识潜自闻。神焉默省记，如口味甘珍。一遍胜十遍，不令人艰辛。""身定""神凝""眼见""口诵""耳听""神默省记"，就是强调读书时专心致志，认真思考，在理解的基础上记忆。有了好的读书之法后，还须勤奋，方能有所得。叶梦得《石林家训》说"旦起须先读书三五卷，正其用心处，然后可及他事。暮夜见烛亦复然"，要求子弟早晚勤于读书。

教子孙读书求仕，关系到家族的命运，所以每个家族都非常重视子孙的读书教育。陆游《放翁家训》说："子孙才分有限，无如之何，然不可不使读书，贫则教训童稚，以给衣食，但书种不绝足矣。"无论贫富，子弟都要读书，因为这是实现个人价值的重要手段。但科举仕进却并非容易之事，陆九韶《陆氏家制·居家正本》曾说："世之教子者，不知务此，惟教以科举之业，志在于荐举登科。难莫难于此者。试观一县之间，应举者几人，而与荐者有几？至于及第尤其希罕。盖是有命，非偶然也。此孟子所谓求在外者，得之有命是也。至于止欲通经知古今，修身为孝弟忠信之人，特恐人不为耳。此孟子所谓求则得之，求在我者也。此有何难，而人不为邪？"通过科举取得功名的毕竟是少数，这不是努力读书就可以实现的，但人们还是希望通过科举改变命运。不过，宋人重读书并非专为科举仕进，其目的还包括通古今之事，养成孝悌忠信之人，有用于世。

元代政治与宋代不同，长期不开科取士，读书仕进门径变小。但江南地区家训仍重读书，以为传家之本。

(二) 关注家庭经济：治生之法，制用之策

北宋家训主要以道德教化为主，南宋时逐渐出现专门论述生计问题的"治生"家训和专门论述家庭理财与节制用度的"制用"家训。这是传统家训发展的新产物。治生家训以叶梦得的《石林治生家训要略》为代表，制用家训以赵鼎的《家训笔录》、倪思的《经锄堂杂记》、陆九韶的《居家正本制用篇》为代表。

叶梦得的《石林治生家训要略》是"中国传统家训发展史上第一次专门就'治生'问题对家人进行教化的家训著作"[①]，对"治生"的意义、原则、方法等进行了具体分析，

---

① 徐少锦、陈延斌：《中国家训史》，陕西人民出版社2003年版，第424页。

与当时社会经济发展相适应，体现了比较先进的教育理念。叶梦得分析士、农、工、商各自治生之法："出作入息，农之治生也；居肆成事，工之治生也；贸迁有无，商之治生也；膏油继晷，士之治生也。"强调治生的重要性，认为"人之为人，生而已矣。人不治生，是苦其生也，是拂其生也"，没有治生，人就没有生存的根本。《石林治生家训要略》又总结了具体的治生之法，包括勤、俭、耐心、和气、置田产等。

赵鼎的《家训笔录》"第一个专门就'制用'问题具体、详细地对子孙进行训诫"[①]。陆九韶的《陆氏家制》则具体指出制用的重要性："古之为国者，冢宰制国用。必于岁之杪，五谷皆入，然后制国用。用之大小，视年之丰耗。三年耕，必有一年之食。九年耕，必有三年之食。以三十年之通制国用，虽有凶旱水溢，民无菜色。国既若是，家亦宜然。故凡家有田畴。足以赡给者，亦当量入而为出。然后用度有准，丰俭得中，怨讟不生，子孙可守。"将国家的管理与家庭的管理相提并论，指出只有"有准""得中"的合理消费，才能维持家族的兴旺发达。

他以日常用度为例，详细说明"量入为出"的原则：将所有收入"以十分均之，留三分为水旱不测之备"，"一分为祭祀之用"，"六分分十二月之用"。"取一月合用之数，约为三十分，日用其一"，"可余而不可尽，用至七分为得中，不

---

① 徐少锦、陈延斌：《中国家训史》，陕西人民出版社2003年版，第429页。

第三章 转型期：宋元家训

及五分为太啬"。"其所余者，别置簿收管，以为伏腊、裘葛、修葺墙屋、医药、宾客、吊丧、问疾、时节馈送。又有余，则以周给邻族之贫弱者、贤士之困穷者、佃人之饥寒者、过往之无聊者。"陆氏规定，日常家庭花费应占家庭总收入的十分之六。平均到十二月中，按照每月三十天计算，规定每日应花费的数目，从而进行有计划的消费。日常花费超过十分之七，就过丰了；如果十分之五，就过啬了。过丰与过啬都不可取，"好丰者，妄用以破家；好俭者，多藏以敛怨。无法可依，必至于此。愚今考古经国之制，为居家之法，随赀产之多寡，制用度之丰俭，合用万钱者，用万钱不谓之侈，合用百钱者，用百钱不谓之吝，是取中可久之制也"。结余的日常费用，根据实际需要，用于节日祭祀、四时衣物、修葺墙屋、求医问药、接待宾客、往来吊丧、探问疾病、时节馈送等。如果交往应酬后尚有结余，则可用在救济行善上。

陆九韶这种"量入为出"原则是依据"资产之多寡"来考虑用度丰俭的，有助于更好地治理家庭，保障家庭的收支平衡，对后来的家训产生了不小的影响。倪思的《经锄堂杂记》中有《岁计》和《月计》两章，在陆氏基础上详细规定了家庭经济管理的原则和方法。《袁氏世范》中也有"用度宜量入为出"的条目："起家之人，易于增进成立者，盖服食器用及吉凶百费规模浅狭，尚循其旧，故日入之数多于已出，此所以常有余。富家之子，易于倾覆破荡者，盖服食器用及吉凶百费规模广大，尚循其旧。又分其财产，立数门户，则费用增倍于前日。子弟有能省悟，远谋损节，犹虑不及，况有不之悟者，何以支持乎?"要求"为子弟者,各宜量节",以保持收支平衡,维持家业。

正如徐少锦、陈延斌的《中国家训史》所说,宋代这种关注家庭经济的家训是"我国现存家训文献中最早以'量入为出'原则细论家庭理财的理论"。清人张英、曾国藩都对陆氏赞扬有加。张英的《恒产琐言》说"居家简要可久之道,则有陆梭山量入为出之法在",又说若能仿效,则"庶几无鬻产荡家之患"。曾国藩的《谕纪泽纪鸿》说"尔辈以后居家,须学陆梭山之法"[①]。

(三) 关注居家生活：日常礼节,治家之法

宋元家训中对居家生活指导非常全面。司马光的《居家杂仪》有二十一则具体规定居家日常的礼节范式,简明实用。袁采的《袁氏世范》进一步详细规定了日常生活各方面应遵守的规范。其中《睦亲》一门六十则,涉及父子、兄弟、夫妇、妯娌、子侄等家庭成员的关系,包括饮食衣服、家产析分、议亲嫁娶、寡妇再婚、立嗣养子、男女轻重、赡养葬祭、主婢贤愚、家务料理、周济亲属等各个方面。如"亲戚不可失欢"条:"骨肉之失欢,有本于至微而终至不可解者。止由失欢之后,各自负气,不肯先下尔。朝夕群居,不能无相失。相失之后,有一人能先下气,与之话言,则彼此酬复,遂如平时矣。宜深思之。"就是说亲戚之间本没有什么不可解的矛盾,只是互相不能体谅,其实若一方先放下身段,就能互相和解,关系

---

① 《曾国藩全集》,岳麓书社2011年版,第524页。

恢复如初。

"背后之言不可听"条:"凡人之家有子弟及妇女好传递言语,则虽圣贤同居,亦不能不争。且人之作事不能皆是,不能皆合他人之意,宁免其背后评议?背后之言,人不传递,则彼不闻知,宁有忿争?惟此言彼闻,则积成怨恨。况两递其言,又从而增易之,两家之怨至于牢不可解。惟高明之人有言不听,则此辈自不能离间其所亲。"不赞同背后传话,认为会造成亲戚离间,亲族不睦。

《处己》一门五十五则,内容涉及立身处世、言行交游、富贵贫穷、成败荣辱、亲故疏密、居乡在旅、接济孤寡等,告诫子弟家人注意平常举止言谈以及服饰小节。

如"与人言语贵和颜"条:"亲戚故旧,因言语而失欢者,未必其言语之伤人,多是颜色辞气暴厉,能激人之怒。且如谏人之短,语虽切直,而能温颜下气,纵不见听,亦未必怒。若平常言语,无伤人处,而词色俱厉,纵不见怒,亦须怀疑。古人谓'怒于室者色于市'。方其有怒,与他人言,必不卑逊。他人不知所自,安得不怪!故盛怒之际与人言话尤当自警。前辈有言:'诫酒后语,忌食时嗔,忍难耐事,顺自强人。'常能持此,最得便宜。"指出和颜悦色的重要性,认为言语平和、态度温和,就不会产生很多矛盾,即使批评别人,也不会引起强烈的反应。

《治家》一门七十二则,内容涉及宅基选择、房屋建造、高墙厚垣、周密藩篱、防火拒盗、管理仓米、纳税应捐、别宅置妾、雇请乳母、役使奴仆、厚待佃户、分明地界、签订契约、假贷粮谷、修桥补路、疏浚池塘、种植桑果、饲养禽畜等，各规定了具体的管理方法。如治家宜防盗："凡夜犬吠，盗未必至，亦是盗来探试，不可以为他而不警。夜间遇物有声，亦不可以为鼠而不警。"

元代《郑氏规范》在家庭日常生活上的规定也颇为详细。如第四十一条规定管谷麦："新管所管谷麦，必当十分用心，及时收晒"，"收支明白，不至亏折"，"关防勤谨，不至遗失"。第五十一条规定衣资分配："男子衣资，一年一给；十岁已上者半其给，给以布；十六岁已上者全其给，兼以帛；四十岁已上者优其给，给以帛。仍皆给裁制之费。若年至二十者，当给礼衣一袭。巾履则一年一更。"第一百零四条规定称呼用语："兄弟相呼，各以其字冠于兄弟之上，伯叔之命侄亦然。侄子称伯叔，则以行称，继之以父。夫妻亦当以字行，诸妇娣姒相呼并同。"第一百四十四条规定安全防卫事宜："防虞之事，除守夜及就外傅者，别设一人，谨察风烛，扫拂灶尘。凡可以救灾之具，常须增置（若油篮系索之属）。更列水缸于房闼之外（冬月用草结盖，以护寒冻）。复于空地造屋，安置薪炭。所有辟蚊蘲烬亦弃绝之。"这些家训体现了日常化、生活化的趋向，与宋代以前的家训颇有不同。

（四）关注家长管理：以身作则，治家公平

家长是一家之主，主理一家大小事务，负有维护家庭秩序的重要责任。子弟有事须禀报而后才能施行，不能私下主张，这样家庭才能管理好。司马光的《居家杂仪》解释家长的重要性说："《易》曰：'家有严君焉，父母之谓也。'安有严君

第三章　转型期：宋元家训

在上，而其下敢直行自恣不顾者乎？虽非父母，当时为家长者，亦当咨禀而行之，则号令出于一人，家政始可得而治矣。"故而规定："凡诸卑幼，事无大小，毋得专行，必咨禀于家长。"元代《郑氏规范》则说："家长总治一家大小之务，凡事令子弟分掌。然须谨守礼法，以制其下。其下有事，亦必咨禀而后行。"两者都强调了家长权威的重要性。

家长管理家庭事务的权力，一方面来自其身份地位，另一方面还需家长自身的道德权威，即家长必须起到道德典范作用。所以，司马光说"凡为家长，必谨守礼法，以御群子弟及家众"，即家长谨守礼法，才能服众。《郑氏规范》则说："为家长者，当以至诚待下，一言不可妄发，一行不可妄为。"要求家长以身作则，注意自己的言行举止，给其他家庭成员树立榜样。袁采的《袁氏世范》卷一《睦亲》"和兄弟，教子善"条说："人有数子，无所不爱，而于兄弟则相视如仇雠，往往其子因父之意遂不礼于伯父、叔父者。殊不知己之兄弟即父之诸子，己之诸子，即他日之兄弟。我于兄弟不和，则己之诸子更相视效，能禁其不乖戾否？子不礼于伯叔父，则不孝于父亦其渐也。故欲吾之诸子和同，须以吾之处兄弟者示之。欲吾子之孝于己，须以其善事伯叔父者先之。"要求家长加强自身品德修养，以身作则，树立威信。

另外，家训中要求家长在管理家庭时须公平公正，不得偏私。赵鼎的《家训笔录》说："同族义居，唯是主家者持心公平，无一毫欺隐，乃可率下，不可以久远不慎，致坏家法。"《郑氏规范》说："家长专以至公无私为本，不得徇偏。"叶梦得的《石林治生家训要略》说："管家者最宜公心，以仁让为先。"这些家训都特别强调家长的公平公正。公平公正，也是家长能够有效履行职责、振兴家族的前提。为保证行事公平，家长还须接受家人子弟的监督。赵鼎的《家训笔录》说："诸位中以最长一人主管家事，及收支租课等事务，愿令已次人主管者听，须众议所同乃可。"《郑氏规范》说："如其有失，举家随而谏之，然必起敬起孝，无妨和气。若其不能任事，次者佐之。"一些家训甚至详细规定家长人选须择有能者居之，无论长少。如《义门陈氏家法三十三条》说："不拘长少，但择谨慎才能之人任之。倘有年衰乞替，即择贤替之，仍不论长少。"

(五）关注女性规范：强调敬顺，读书明理

宋代女训内容上一方面承袭传统家训中的"三纲五常""三从四德"的思想，强调贞节观念，规定女子在家要孝顺父母，出嫁敬顺公婆、丈夫，作为母亲要严格教导子女，另一方面认为女性也须读书明理。

敬顺一直是古代女性须遵守的原则。具体到女性人生的不同阶段，则有不同的规范。司马光在《家范》中对女道、妻道、母道都有具体的要求。关于女道，谓先要读书守礼，如班昭所说妇德不必才异，妇言不必口辩，妇容不必颜丽，妇功不必过巧，"是故女子在家，不可以不读《孝经》《论语》及《诗》《礼》"。关于妻道，班昭所称"敬顺之道，妇人之大礼也"，是因为"夫，日也；妻，月也。夫，阳也；妻，阴也。天尊而处上，地卑而处下"。具体来说，"为人妻者，其德有六：一曰柔顺；二曰清洁；三曰不妒；四曰俭约；五曰恭谨；六曰勤劳"。侍奉公婆是女子出嫁为人妻的重要职责，也是体现女性敬顺之德的重要方面。袁采在《袁氏世范》中谈到妇人侍奉舅姑，强调在处理与小姑的关系时，不能因公婆偏爱自己的女儿而有所不满，谓"凡人之妇，性行不相远，而有小姑者，独不为舅姑所喜，此固舅姑之爱偏。然为儿妇者，要当一意承顺，则尊章久而自悟。或父或舅姑终于不察，则为子为妇无可奈何，加敬之外，任之而已"。母道的关键在于培养教育子女，司马光认为对子女要严加管教，不可溺爱，谓："为人母者，不患不慈，患于知爱而不知教也。古人有言曰：'慈母败子。'爱而不教，使沦于不肖，陷于大恶，入于刑辟，归于乱亡，非他人败之也，母败之也。自古及今，若是者多矣，不可悉数。"

宋元时期理学盛行，对女性要求很严格，重于守贞节，主张贞女不事二夫，但并不完全迂腐。司马光曾引用姜氏、伯姬、贞姜等人说明守节、行孝、尽义是为妻之道，但他又说："夫妇以义合，义绝则离之。"以"义"作为夫妻关系存续的前提，对义绝而离异者并不认为是失节。当时不少学者也认为"夫妇不相安谐，则使之离绝"，是符合礼教规范的。实际上，宋代改嫁之风很盛行。如范仲淹母就曾改嫁，范仲淹随母改嫁并改朱姓。《新雕皇朝类苑》载，"王荆公之子雱，少得心疾，逐其妻，荆公为备礼嫁之"。这说明宋代对女性贞节的要求在规范上严苛，但实际生活中并非完全如此。

宋代不少家训提出女子须读书明理。司马光认为："凡人

79

不学，则不知礼义。不知礼义，则善恶是非之所在皆莫之识也。于是乎有身为暴乱，而不自知其非也。祸辱将及，而不知其危也。然则为人皆不可以不学，岂男女之有异哉！"不仅肯定女性应读书，还具体规定了读书内容，《家范》说："女子在家，不可以不读《孝经》《论语》及《诗》《礼》，略通大义。其女功，则不过桑麻、织绩、制衣裳、为酒食而已。至于刺绣华巧，管弦歌诗，皆非女子所宜习也。古之贤女，无不好学，左图右史，以自儆戒。"在《居家杂仪》中以女子与男子相较，谈说女子之教："六岁，教之数与方名，男子始习书字，女子始习女工之小者。七岁，男女不同席、不共食，始诵《孝经》《论语》，虽女子亦宜诵之。自七岁以下，谓之孺子，早寝、晏起、食无时。八岁，出入门户及即席饮食，必后长者，始教之以谦让。男子诵《尚书》，女子不出中门。九岁……女子亦为之讲解《论语》《孝经》及《列女传》《女戒》之类，略晓大意。十岁……女子则教以婉娩听从，及女工之大者。"《朱子语类》载弟子问朱熹："女子亦当有教，自《孝经》之外，如《论语》只取其面前明白者教之，何如？"朱熹回答说："亦可。如曹大家《女戒》、温公《家范》亦好。"从中可知，宋人认同女子习读《论语》《孝经》《列女传》《女诫》等书。

宋元时期，女性地位不高，但很多家训作者对女性抱有一定的同情和理解。如袁采的《世范》中有"妇女之言寡恩义""人家不和，多因妇女以言激怒其夫及同辈"一类的话语，但也说"女子可怜宜加爱"，"嫁女须随家力，不可勉强。然或财产宽余,亦不可视为他人,不以分给。今世固有生男不得力而依托女家,及身后葬祭皆由女子者,岂可谓生女之不如男也!大抵女子之心,最为可怜,母家富而夫家贫,则欲得母家之财以与夫家;夫家富而母家贫,则欲得夫家之财以与母家。为父母及夫者,宜怜而稍从之。及其有男女嫁娶之后,男家富而女家贫,则欲得男家之财以与女家;女家富而男家贫,则欲得女家之财以与男家。为男女者,亦宜怜而稍从之。若或割贫益富,此为非宜,不从可也"。

第四章
普及期：明清家训

明清近六百年间，传统家训进入广泛普及期，由帝王贵族士大夫进入寻常百姓家，总体上呈现繁荣发展的局面。

明清家训之所以能够广泛普及，与统治者大力提倡程朱理学，加强思想文化统治有直接关系。明朝初年，朱元璋大力提倡儒学，"以太牢祀先师孔子于国学"；清朝初年，宣扬"为治之要，教化为先"。康熙五十一年（1712年），以朱熹配祀孔子，且编订《朱子全书》。明清科举制度八股取士，以朱熹《四书章句集注》为标准科举教材，"家家读孔孟，户户学程朱"，在客观上促进了家训的普及。明清两代，从君主到官僚以及士大夫都非常重视社会教化。朱元璋曾命编订《祖训录》《诫诸子书》《圣学心法》来教育皇家子弟，《圣学心法序》说："后世能守吾之言，以不忘圣贤之懿训，则国家鲜有失道之败。"明成祖仁孝文皇后亲自编纂《内训》，并大力推行。《内训》后来成为女训典范。清代以康熙、雍正皇帝的倡导最为有力。康熙重视对皇室子弟教育，雍正根据康熙平时教导整

第四章 普及期：明清家训

理辑录而成的《庭训格言》，成为帝王家训的典范之作。明清士大夫也喜撰写家训，弘扬教化。明人王相将其母刘氏的《女范捷录》、仁孝文皇后的《内训》、班昭的《女诫》、宋若莘的《女论语》四部女训读物合编在一起，名为《女四书》，成为女性必读书目，在社会上广为流传。清人陈宏谋编辑包括《养正遗规》《教女遗规》《训俗遗规》《从政遗规》《在官法戒录》在内的《五种遗规》，前三部《遗规》主要是记录家训著作，后两部《遗规》主要为仕宦提供可借鉴的箴规、嘉言，产生了不小的影响。

相较于宋元家训，明清家训内容发生变化，自具特色，这也是由明清政治经济、社会思潮、风俗习尚变化所决定的。明清社会生产力大大提高，商业兴盛。明中叶后，"士而商商而士"现象引人注目，同时商贾家庭也重视家庭文化，因此，商贾家训开始发展起来。商贾家训强调"专心于工商业而不犯法，不损人利己者皆为好子弟"，这种观念具有一定的进步性。晚清家训的变化也与当时社会现实有着直接的关系。鸦片战争失败，曾国藩、左宗棠、李鸿章、张之洞等开明的官吏认识到开眼看世界、学习西方的重要性，在兴办洋务过程中接受了一些西方的新观念、新思想，对西方教育也有了一定的认识了解。这为传统家训文化注入了新鲜的血液。与此前的家训相比，洋务派人物所作家训，注重治学与时事历练相结合，强调经世致用，乃至"中体西用"，顺应了时代发展的潮流。

一、明清家训的主要特点

明清家训虽承接宋元家训余绪，但受当时社会思潮、政治经济、风俗习尚影响，在内容和形式上与前代不尽相同。而且明清不同历史时期的家训，也各有特色。总体来看，普及化是明清家训的主要特点。而家训类型的多样化、家训撰著的集大成化、商贾家训之兴、宗谱家训的程式化等，都体现了明清家训的时代特征。

（一）家训类编与家训丛书之兴

明清时期家训普及的一个重要标志就是数量众多、种类繁富，而且还出现了家训类编及家训丛书。《中国丛书综录》著录"家训"类著作117部，其中明代28部，清代61部。明清单篇的家训数万篇，远超前代。

在众多的家训著作中，家训类编与家训丛书尤值得关注。明万历年间薛梦雷的《教家类纂》、清乾隆间彭绍谦的《闲家类纂》、嘉庆间胡达源的《治家良言汇编》等，属于家训类编。清康熙间陈梦雷等编纂《古今图书集成》专列《家范典》，共116卷，分31部，分类辑录从先秦至清初的家训资料，在家训类编中规模最大。家训丛书数量亦不少，明代秦坊编《范家集略》，清代陈宏谋编《五种遗规》，贺瑞麟编纂《养蒙书十种》《福永堂汇钞》《诲儿编》，阎敬铭编纂《有诸己斋格言丛书》，张承燮编纂《东听雨堂刊书》等。

陈梦雷（1669—1723年），字则震，福建侯官人。康熙九年（1670年）进士，主编《古今图书集成》。在雍正时又由蒋廷锡校勘重修，雍正四年（1726年）完成，共一万卷，分为六汇编，三十二典，六千一百零九部。《家范典》是《明伦汇编》所属八典之一，包括家范部六卷、祖孙部四卷、父母部四卷、父子部十四卷、母子部十卷、教子部六卷、乳母部一卷、嫡庶部三卷、出继部三卷、养子部一卷、女子部四卷、姑媳部二卷、子孙部二卷、兄弟部十二卷、姊妹部二卷、嫂叔部与妯娌部一卷、叔侄部四卷、姑侄部一卷、夫妇部十三卷、媵妾部五卷、宗族部六卷、外祖孙部一卷、甥舅部一卷、母党部一卷、翁婿部二卷、姻娅部与妻族部一卷、中表部一卷、戚属部一卷、奴婢部一卷。三十一部中，每部都由汇考、总论、艺文、纪事、杂录五类组成，共一百五十五类。汇考主要是汇集相关释名资料；总论主要是从经史子集中辑录理论资料；艺文包括诗文相关资料，隋唐以前较详，宋以后较略；纪事主要包括嘉言善行等；杂录为纪事所引之外的资料，内容庞杂。其中最有价值的是艺文和纪事。《家范典》收录了大量家训方面的资料，经史子集、诗文歌赋无所不包，具有重要的文献价值，也是清代家训发展"集大成"的一大标志。

秦坊（1583—1661年），字表行，号俨尘，江苏无锡人。明末贡生，授光禄寺监事。编辑周秦至明代前贤格言懿行，成《范家集略》六卷。卷一为《身范》，辑录汉代至明代一百余位名人家教故事。卷二为《程范》，辑录司马光《涑水家仪》、朱熹《童训》、陆九韶《居家正本制用篇》、袁采《袁氏世范》、浦江郑氏《家范》《家规》、王阳明《学规》、孙植《家规》、陆树声《家训》、沈鲤《社约》、高攀龙《家训》及族约、社约汇抄等。卷三为《文范》，选录汉至明代36篇家训，以书信为主。卷四为《言范》，卷五为《说范》，收教导劝诫言辞。卷六为《闺范》，选取先秦至明代百余位古代妇女的教育故事。《四库提要》评价此书"然颇冗杂，如宋太祖誓碑一事，既以帝王之事杂于臣庶中，而不杀柴氏子孙，亦无预于身范也"，但其在保存资料方面功不可没。

陈宏谋（1696—1771年），字汝咨，号榕门，广西临桂（今广西桂林）人。雍正元年（1723年）进士，官至工部尚书。卒谥文恭。居官四十八年，关注社会教化。其所辑《五种遗规》，收录前人有益于改善世风的五种规训著作：《养正遗规》《教女遗规》《训俗遗规》《从政遗规》《在官法戒录》。内容涉及家训、规诫、学规、宗约、世范、官箴、笔记、语录、札记等有关修身、养性、教育、治家、处世、为官等方面的著述和事迹，并附按语、评语。其中《养正遗规》分上下二卷及补编一卷，辑录童蒙教育资料，包括"蒙童行为规范类"与"家塾学规类"等蒙学文献。主要有朱熹《白鹿洞书院揭示》《沧州精舍谕学者》《童蒙须知》《朱子读书法》《程董学则》、陈淳《小学诗礼》、真德秀《教子斋规》、方孝孺《幼仪杂箴》、高贲亨《洞学十戒》、《颜氏家训·勉学篇》、朱柏庐《朱子治家格言》、吕得胜《小儿语》、吕坤《续小儿语》《社学要略》、陆世仪《论小学》《诸儒论小学》、程端礼《读书分年日程》、陈定宇《示子帖》、王守仁《训蒙教约》、屠义时《童子礼》、张履祥《学规》、陆陇其《示子弟帖》、张伯行《读养正编要言》、唐彪《父师善诱法》等。

陈宏谋《养正遗规序》云："天下有真教术，斯有真人材。教术之端，自闾巷始；人材之成，自儿童始。大易以山下出泉，其象为蒙，而君子之所以果行育德者于是乎在，故蒙以养正，是为圣功，义至深矣。"《教女遗规》分上中下三卷，辑录女德教育资料，包括曹大家《女诫》、蔡中郎《女训》、宋若莘《女论语》、吕得胜《女小儿语》、吕坤《闺范》、王孟箕《家训》、温璜《温氏母训》、史搢臣《愿体集》、唐彪《人生必读书》、王朗川《言行汇纂》及佚名《女训约言》等十一部著作。《教女遗规序》云："夫在家为女，出嫁为妇，生子为母。有贤女然后有贤妇，有贤妇然后有贤母，有贤母然后有贤子孙。王化始于闺门，家人利在女贞。女教之所系，盖綦重矣。"

《训俗遗规》共分四卷，汇集古今乡约、宗约、会规，关注乡里之间矛盾产生的原因与解决的方式。收录司马光《居家杂仪》、吕大钧《吕氏乡约》、陆九韶《居家正本制用篇》、倪思《经锄堂杂志》、陈希夷《心相编》、袁采《袁氏世范》、许衡《语录》、陈栎《先世事略》、王守仁《王阳明文钞》、杨继盛《杨椒山遗属》、沈鲤《驭下说》、吕坤《好人歌》、李应升《诫子书》、王演畴《讲宗约会规》、王士晋《王士晋宗规》、顾炎武《日知录》、陆世仪《思辨录》、朱柏庐《劝言》、张履祥《训子语》、王中书《劝孝歌》、魏象枢《庸言》、汤斌《语录》、魏禧《魏叔子日录》、蔡世远《示子弟帖》、程大纯《笔记》、史搢臣《愿体集》、唐彪《人生必读书》、王朗川《言行汇纂》等，按语说明选录主旨。如唐彪的《人生必读书》，陈

87

宏谋按语："唐君此集，采录古今人之言，而己所著论为多。大抵存心则平恕周匝，立论则和易近人。宁过于厚，毋趋于薄，而于伦常之地，患难之顷，尤极切挚。人能如此，风俗焉能不厚也！"

《从政遗规》分上下二卷，辑录官吏职责操守相关资料，包括吕祖谦《官箴》、何坦《常言》、王应麟《困学纪闻》、梅挚《五瘴说》、许衡《语录》、薛瑄《要语》、王守仁《告谕》、耿定向《耐烦说》、吕坤《明职》《刑戒》、李廷机《宋贤事汇》、张鼐《却金堂四箴》、高攀龙《责成州县约》、傅梅《巡方三则》、袁黄《当官功过格》、颜茂猷《官鉴》、于成龙《亲民官自省六戒》、蔡世远《书牍》、熊弘备《宝善堂居官格言》、王朗川《言行汇纂》等，重于"循名责实"，强调"惟清、惟慎、惟勤"的为官原则。《在官法戒录》共四卷，为《总论》一卷、《法录》上下二卷、《戒录》一卷，采辑史书、志怪、笔记、札记、杂录、方志、年谱以及佛道典籍所载相关人物事例，以为吏戒。陈宏谋在《在官法戒录序》中说："吏治之清浊，不可以无化诲者，则官府之胥吏是也"，"采辑书传所载吏胥之事，各缀论断，裒为四卷，名曰《在官法戒录》。"

（二）家训著述的集大成及累世相沿

明清家训著述，一方面是数量众多，不可胜计，另一方面是呈现出集大成、累世相沿的趋向。《古今图书集成·家范典》即是集大成的典例，此以《母教录》《慈教碎语》为例略述累世相沿的现象。清中期遵义黎氏教子语录由子郑珍辑为

《母教录》，郑珍之女教子之语又由其子赵怡辑为《慈教碎语》。

郑珍（1806—1864年），字子尹，晚号柴翁，贵州遵义人。道光十七年（1837年）举人，选荔波县训导。咸丰年间，告归回乡。同治初，补江苏知县，未赴而卒。道光二十年（1840年），郑母黎氏病逝，郑珍在守墓期间追忆母亲生前的教导，模拟母亲口吻，编成《母教录》。全书共六十八条，用通俗生动的语言记录了母亲的教诲。《母教录自序》说："历观古贤母如崔玄暐、家善果诸传所载，世隔千载，声口宛然，心柔菱短，何非此义？固知捧帕而悲，今古同焉矣。珍母黎孺人，实具壸德，自幼至老，艰险备尝，磨淬既深，事理斯洞。珍无我母，将无以至今日，'恩斯勤斯，鬻子之闵斯'，惟身受者乃心知耳。而今已矣！母子一生，遂此永诀。涕念往训，皆与古贤母合符同撰。在当时听惯视常，漫不警励，致身为孔孟之罪人，母之不肖子。今日欲再闻半言，亦邈不可得矣。天乎，痛哉！爰就苦次，摹吻而书，到今凡得六十八条，仿李昌武、杜师益《谈录》例，录成一卷。"①

《母教录》的内容包括以下几个方面：

第一是重视道德教育。首先是不能做坏事，"坏事总不可做过一次。人未做坏事时，尽明知道不好，不惟不做，还得劝别人。若做了一次，便觉得如此也不妨，往后越做得有味，直

---

① 郑珍：《巢经巢诗文集》文集卷四，民国间《遵义郑徵君遗著》本。

以为好事了。已是不孝不悌、不仁不义，他还说出许多道理、许多缘故来，竟是合该如此底。故凡一切坏事，只拿定主见，宁忍耐着莫去试手。语云：'一回是徒弟，二回是师傅。'为善容易回头，为恶能回头者，十未见其一也"。其次，平日举动关乎个人品行。黎氏说"举动说话都带几分朴气，大半不失为好人，反此即不免薄相"，要求"子弟不宜重膝坐，妇女尤是丑相。人都说如此坐甚逸，我却重膝不成"。

第二是重视子女读书。告诫子弟若能认真读书，就会有收获，尤其是危急时刻更能得益于读书。她说："读书人于本分事件件能得，急时皆有受用处。先大夫穷时课生徒，每有间，即登纺车，膝上置书一册，手目并用。线虽较粗，日所赢可一人食。"读书不仅提高修养，而且在生活窘迫时候可以谋生。又以自身辛苦为例来勉励儿子努力读书："我一年每日三炊，每夜两縗。薅插时常在菜林中，收簸时常在糠洞中。终日零零碎碎，忙得不了，头不暇梳，衣不暇补，方挪得尔去读书。尔想此一本书，是我多少汗换出来？焉得不发愤？"要求子女早晨起来就读书，"晨气清明，读书易记，悟理易入"。书中记载了这样一个生动的例子："母坐书室，遍阅插架，曰：'多矣！'珍曰：'多则多矣，然骤读不到，诚以此钱供甘旨，不犹愈乎？'母曰：'若以供甘旨，今皆在溷厕中矣。'语云：'一世买书三世读。'汝家落后，遗籍仅一堆，授汝者皆其本。若当时少一部，亦少授汝一部矣。此物事焉能读尽，能一卷中得一句两句，便有益不少，勿悔也。"

第三是处世有规矩。鼓励与贤人多结交，"汝于贤者常亲

第四章 普及期：明清家训

之，事事尽诚实焉，于不贤者亦常亲之，事事勿沾惹焉"；谨慎行事，不可性急，"人性急，真可笑。如饮食，饭未熟，终要待他熟，不成一急他便为尔熟也"；宽简得当，不可奢侈浪费，"语云：'当用不须俭。'无论贫富，当用底少一件不得，惟谨食谨用，不可胡乱作践。先大夫艰难时，虽馆谷无几，鱼肉之属月必数回，大家吃得欢天喜地。查梨枣柿之类，岁无告匮者。每见人浪费甚多，日用饮食却吝脚吝手，终是穷相。平时也过去了，若遇祭祀、宾客，直不成事体"，服饰则不可招摇，不可讲求华丽，"拖衣落饰，招人作践。惟不可讲究华丽，为有识者所轻厌也"。她还以生活经验告诫儿子处世的原则，如："家常宜用五土：盘碗土器最朴，衣衾土布最暖，房屋土壁最洁，院落土墙最坚，炊爨土灶最久。土器坏易买，土布破易补，土壁旧易垩，土墙倒易整，土灶湿易干。"

第四是重视女性在家庭中的职责。认为女性治家得当与否关系家道的兴衰，"茶饭是妇女第一事"，若能如此则是贤内助，"若到人家，灶下清清静静，饮食却具办妥速，虽土登瓦缶，是兴相也。若闹了半日，只是茶不温，饭不热，茅茅草草，谨图送客出门，即知内助不得力，虽富贵不足取"。重视母教，并指出教子与教女方式不同："教子须父严则母慈，父慈则母严。教女三分严，七分慈可也"，针对男女性别的不同，提出了不同的教育原则和方法。此外，还提出对待婢女态度要平和，"用使女当以恩义得其心，彼于我如子女一般，自然事事鼓舞去做，亦不畏首畏尾。若稍不如意，即鞭挞随之，自然要弄巧弄诈，希图逃责"。

郑珍能成为名儒与母亲黎氏的教导有着直接的关系，他也按照《母教录》训导子女，谓"家书《母教录》，语语珠玉，儿女子等不可不读"。其女郑淑昭按照此法教育子女，淑昭之子赵怡也仿效外祖父郑珍的做法，将母亲教育训诫之语辑录刊行，名曰《慈教碎语》。

郑淑昭（1826—1877年）精通文字训诂，擅文墨，著有《树萱背遗诗》。其推崇班昭，自言"才女何足贵，姑侄羡班家"。亲课子女学业，"严而有恩"，"暇则手执一卷，或抄或读，与诸儿女讲诵不辍"。其教子"经多口授"，"或据灶觚，或携之菜畛，或置纺车舂臼之旁，必使随音缓读，背诵如流乃止"。在她的教育下，三子赵怡、赵懿、赵恒先后科举中第。赵怡赋诗赞扬其母："生长经巢礼乐边，树萱幽背执经年。可怜家学传阿母，南雅风诗内则篇。"①

郑淑昭在修身、居家、交友、处世等方面都有自己的见解。她要求儿子要立大志，勤奋读书。《慈教碎语》载其语曰："小子当立志远大，心目中有几古人在，我思学而肖之，则下流之事皆自当鄙弃，绝不屑为"。三个儿子勤学苦读、德业并进。赵懿中举，赵怡落第，郑淑昭作诗勉励说："甘李苦其根，鲜枣生棘枝。美物酸辛来，天道真若斯。男儿不磨练，器局安足奇。汝书我亲授，汝作亦离离。名驹自汗血，昂昂神骏姿。自许凌太行，翻成辕下悲。安知此濡滞，非荷皇天慈。

---

① 《树萱背遗诗》附录，《黔南丛书》第三辑，贵州人民出版社2009年版。

穷达毋委命，玉成当自思。且效董夫子，三年重下帷。"又勉励赵懿不可骄傲："科第诚美名，传家故物耳。勿作楦身皮，徇名贵责己。前途正修修，德业从此始。"她虽然要求儿子立志苦读，但仍主张不可束缚孩子天性："幼孩原是手舞足蹈，方有发扬气象，但事事必规之以正，俾稍绳于礼法。若必令过拘挛，岂不窒其活泼之机趣。"在为人处世方面，要求孩子诚信率直，然非浅薄无知，她说："一滴雨，一滴湿，方令人见信，不然一时诳人，后即率直，人亦疑为相诳"，"心宜坦，不宜浅"，"浅心人作不成大事。"

从《母教录》到《慈教碎语》，可以看到清代家训累世传承及撰著相沿的特点。

（三）家训成为宗谱不可或缺的部分

唐代以前，以诸葛亮《诫子书》、颜之推《颜氏家训》为代表的名臣、文士家训，内容主要集中在家庭内部对子孙的各种教导。宋代以后，随着社会的演变，新的士大夫阶层崛起，逐渐聚拢本族人员，形成地方化宗族。为凝聚和管理地方宗族，出现大量的编修宗谱、族谱的活动，同时制定相应的家规、家训、乡约，以规范约束本族人员。至明代以后，宗族家训的内容条目变得愈加详细，不仅多方面约束族人行为，而且着眼于宗族事务管理。总体来说，宋代以降家训的制定，不再局限于士大夫家庭内部，而是往往适用于整个宗族。

从宗谱发展的历史来看，自南宋始，下至明清，出现极盛的局面。宗谱编纂成为维系家族的有效方式。今存民国前宗谱，数量庞巨，尚未有准确的统计数字。仅浙江而言，传世宗谱当逾二万种。今存明清宗谱，大都有家训。或名家规、祖训，或名家训，或名家训志。如《三江李氏宗谱》卷一为家规、祖训，《南阳柯氏宗谱》卷一为谱序、谱例、家规、人才，《畲川牟氏宗谱》卷二为谱序、凡例、家训，《越州阮氏宗谱》卷十九为家训志。家训成为宗谱不可或缺的构成，按宗谱以计明清家训传世的篇数，则达数万篇。总体以观，宗谱中的家训虽存在着程式化、内容雷同的问题，但彼此之间仍各有差异。如商贾宗谱与江南名族宗谱中的家训，即有明显不同。

宗谱至明清极盛，也促进了明清家训的大盛和普及。正如徐少锦、陈延斌的《中国家训史》所说，明清时期"家谱与家训一起昌盛，而且两者有合二为一的趋势，家训成为家谱之中相当重要的一部分"，"随着谱学的进步与发展，家训成为谱书中的重要组成部分，好的谱书必有家训"。

（四）女训撰著的繁荣

女训著作大量涌现也是明清家训普及的一个重要表现。从帝后到民间知识女性，多有女训作品。明仁孝文皇后徐氏《内训》和章圣皇太后《女训》是帝后家训典范；温璜之母陆氏《温氏母训》、王相之母刘氏《女范捷录》、李晚芳《女学言行纂》，是知识女性撰著家训的典范。男性撰写的女训数量也多，如吕坤《闺范》、陆圻《新妇谱》、陈确《补新妇谱》、秦云爽《闺训新编》等，都是流传甚广的女训著作。

秦云爽（生卒年不详），字开地，号定叟，钱塘（今浙江杭州）人。康熙间编纂《闺训新编》十二卷。卷一后妃；卷二公主；卷三女道；卷四兄弟；卷五、卷六妇道；卷七姒娣；

第四章 普及期：明清家训

卷八嫡庶；卷九母道；卷十后母；卷十一杂录；卷十二处变。编纂此书意在"取子政著《列女》之旨，而广申其说，后世针管珮璲之仪，珩璜豆笾之节，古人所以行而未及行，或风俗所更变，而闺阁必当取法者，咸列焉。曰《新编》，则继子政之志而述之者也"①。秦云爽虽然坚持传统女性规范，但论述女道、妇道时仍有一些新解。他提倡孝道，反对愚孝："妇有三从之道，以阴顺乎阳也，然义有决不可从者。无论子，即夫亦不可从也；无论夫，即父母舅姑之命亦不可从也。或曰：'吾子立论，以孝亲为人伦第一事。孝必以顺为主，岂有父母之命而可不从乎？'曰：'阿谀顺从，陷亲不义，一不孝也。故失其身而能事其亲者，吾未之闻也。子之于亲如此，于舅姑、于夫不可推乎？夫父母、舅姑不义之事，而欲子与妇顺之，此如害失心疯人，欲啖砒霜，子与妇惟有悲痛。父母、舅姑有如此恶症，百计思有以愈之方，不失子与妇之常。若以为父母、舅姑之所欲，便当顺之，是杀其亲而已矣。故凡所录不从父母、不从舅姑者，皆孝女、孝妇也。'"

作者认为愚孝是害亲而非孝顺，女性应从义的角度出发，对父母不能一味顺从。又认为女子婚后最重要的责任就是匡辅丈夫之"不逮"，而非一味柔顺即为贤妇。秦氏认为："男子以妻为内助。所谓内助者，不止料理家事，相帮做人家之谓也。即行事未当，性情欠妥之处，苟有所见，皆当尽匡扶之力焉。"又说："古人以妻为内助，为良友，原有匡辅不逮之义，

---

① 邵锡荫：《闺训新编序》，《闺训新编》，康熙二十五年徐树屏刻本。

95

一切顺从，原非夫贞妇顺正旨。夫必贞而后妇顺之，非事事奉命，不顾义理之谓也。"

秦云爽的女性观有一定的进步性，即主张在遵循传统女性规范的同时，又以公义为准则，反对愚孝及一味顺从，肯定女性有勇、有谋。如："今世女子，遇些微事，便慌张失措，临生死之际而从容暇豫如此，与嵇叔夜临刑弹《广陵散》何异？有定识，又有定力，非常人也。""盖勇，原人所自有，习于正则发于正，习于邪则发于邪。人无视袁女之死为难为，余见妇女尚闲气而枉死者多矣。所以忠孝之事，固有激于一时，大段亦由平日集义而生浩然，不诬也。"

李晚芳（1691—1767年），号菉猗，广东顺德人。李心月之女，碧江梁永妻。性笃孝，好读书，寡言笑，六岁受学于姊，习《孝经》《小学》，在阁中自《左传》、秦汉及唐宋八大家之文，无不遍览。读书多有心得，评论古人，详究文义，多前人所未发。著有《读史管见》三卷及《女学言行纂》。

《女学言行纂》是一部流传甚广的女训著作。晚芳二十岁出嫁，婚后由于其夫"目足疾渐作"，乃主持家计，事舅姑，抚诸幼，辛勤持家。《女学言行纂》为教导子女而作，称"但得汝等粗知大意，身体力行，当法者赴如弗及，当戒者毋使加身，以勉强而几自然，上可为贤人君子，次亦不失为寡过之人，此稿便是"。她同时希望用以教育训导更多的乡人子弟，《自序》说："余固以之自勉，亦愿推之一乡一国，凡为女子皆知所勉，而各齐其家。程子曰：'天下之家正，则天下洽矣。'于以默赞圣朝之盛治，或不无少补焉。"其子梁矩于乾隆末刊刻此书，称"不幸妻死再娶，子媳渐多，多挟私心，分别门户"，因此刊印母书，规范子女的言行。

《女学言行纂》包括三部分内容：第一部分总论，阐述女学之要有四，在于去私、敦礼、读书、治事。第二部分论述女学之道有四，包括事父母之道、事姑舅之道、事夫子之道、教子女之道。第三部分为四德篇，包括发明妇德、引证妇德、发明妇言、引证妇言。论事父母之道与事姑舅之道，她强调以孝为主。事夫子之道，要求以敬顺为主："妇以敬顺为务，贞悫为首。"

李晚芳认为女性要幽闲贞静，能恪守妇道、相君子、仁厚爱物、无妒忌之心。她重视教育子女之道，强调母教的重要性，认为"天地之能生人而不能教人，其权则责于为师者矣。师之教，亦不能施于十岁以前，以其幼稚也。其权乃在父母。然父之教，亦止及于能言能行以后。若坐之于膝，抱之于怀，妊之于身，亦非父教之所能及，其责则专在母耳"，"人子德器成就，得力于母教为多。盖母虽严而实慈，自幼而教，其言易入。且母子初属一体，虽离胎之后，气息呼吸原自相通，使之正则正，导之善则善。少则慎其所习，长则勗其所学"。为教子成人，肯定严母："古人可师，故不敢不严以立教也。世之教子者，每以幼稚而过为姑息，谓慈母自当如是。及观程母、吕母之教子，各成大器，正于幼稚加严，一物不许苟，一步不容苟，岂过为刻焉？此正所以遂其慈也。有母道之责者，不可不三复。"

左锡嘉的《曾氏家训》也值得一提。左锡嘉（1831—

1894年），字婉芬，一字小云，釐居后号冰如，阳湖（今江苏常州）人。幼工绣谱，喜诗书。嫁华阳曾泳为继室，操持内政，敬顺有礼。

《曾氏家训》分为三部分：家训、女训与续训。第一部分家训，列承欢、善体、辞色、寝膳、服劳、立志、侍疾、谏诤、出游、曲慰、丧葬、祭祀等十二条目，阐述子女当如何事父母以尽孝。认为"事父母以承欢为先务"，要"起敬起孝，尽情尽力"，这是"家道之昌"的重要条件。"善体"要求子女"事父母贵能体心"，"体心犹期尽善，父母之所爱亦爱，父母之所敬亦敬"。"辞色"就是事父母要"怡声婉容，小心翼翼，和乐且孺，方称子职"。"寝膳"规定"事父母鸡鸣即起，盥漱栉沐，备物以俟"。"服劳"规定富家子弟即使有婢仆也要"常侍奉左右"以供父母指挥，"寒素之家操作烦琐，更宜竭力尽职"。"立志"要求无论"士农工商，各有其职"，当选择适合的职业作为自己的目标，以慰父母的期望。"出游"若不可避免，当"谨身节用，寄奉甘旨，禀函常达"。"曲慰"要求侍奉寡母要更尽心，侍奉继母要至诚。"丧葬"和"祭祀"要求"依礼勿悖"。侍奉父母要恭顺，但还有一些特殊情况，若父母有过要"谏诤"，这是不得已而为之，须谨慎。父母有过，"或举古今事宜而隐谏之"，"勿于人前直谏，勿于怒时争谏，须察时而谏"。

第二部分女训，强调"内则有重于外训者"，因为"内政之贤否实关乎邦国之兴废，家室之盛衰"，因此"不可不慎"。女训具体列闺训、妇道、侍舅姑、和妯娌、节义、母仪、御下七目。"闺训"条规定未嫁女子应该遵守的规矩与礼仪,要求"女子稍有知识,导以礼仪,侍父母、别内外、敬尊长、抚弟妹,谦和忍让"。"妇道"条要求已婚妇女对夫子要"必敬必戒,无违夫子,虔恭中馈,静好琴瑟,敬如友宾,爱如兄弟"。值得称赞的是,左氏指出要对丈夫进行劝诫,因为"妻贤夫祸少",所以"鸡鸣戒旦,黾勉相规,忠孝信义,随时劝诫",这样才能家道永昌。"节义"条强调妇女不幸丈夫早夭,应该"力全大义","勿辞辛苦",孝顺舅姑。"勿畏艰难",教养子女;"勿出外户,勿加装饰",以防遭非议。还要行夫婿之所欲行,了夫婿之所未了之事,能做到这样的话,则"夫死犹生"。这种节义观与左锡嘉的夫妻观相一致:不只是传统意义上的守节,而是琴瑟静好的夫妻。"母仪"条注重"胎教","先守胎教",则"生子自然端正"。儿童在能知嬉笑阶段即要进行教育,"勿逗其欲,勿激其怒,勿令多笑,勿令过啼";少长,"行教之以正,止教之以静,坐教之以端,卧教之以曲";"成童,喜怒哀乐,无不尽悉,忠孝节义亦知钦仰,须常以古今大儒名贤事迹讲解,以启其天性,以固其心志",培养孩子忠信、友恭、谦和、礼让、端方、节操、笃信、公正、安分、宽仁、有恒、无倦等品质。孩童的教育中母亲的作用最为重要,因为"孩提之童依母日多,且本性未移,易于开导,能谆谆教戒,异日必至成立"。在母教中,左锡嘉特别关注孩童时期的早教,详细阐述其重要性以及应遵守的礼法。左锡嘉的女教思想与其家族教育传统一脉相承。锡嘉之母对她们姊妹的期望就是:一愿吾女为孝媳,二愿吾女为贤妇,三愿吾女为贤母。

第三部分续训列戒色、戒赌、戒烟、戒言、戒杀等五项原则。她用通俗浅近的语言阐述了色、赌、烟、言、杀的危害，如说淫孽难逃，以至于妻子会跟着遭遇惨报；赌博则会使精神耗丧而自投罗网；嗜烟则会导致颠沛流离，父母无暇照顾家计；多言语则是非颠倒，胡言乱语，舌剑伤人无血。

《曾氏家训》七千言，都是左锡嘉平日"晨昏教诲之辞"，刊印后"分寄族中昆季子侄，常置案头，以为养亲者劝，教子者助，并以藏之家，传之子孙"，以求"勿坠家风"。《曾氏家训》与传统家训思想基本相同，但因系女性所作，语言浅显，多用亲身经历进行举例说明，更加容易让人接受。

(五) 商贾家训之兴

明清工商业发达，商贾家训也非常有特色。明清传统的"农本商末"思想发生了很大改变，"民家常业，不出农商"①。随着商人数量的增加，商人地位逐渐得到社会的肯定。李贽的《又与焦弱侯》说："且商贾亦何可鄙之有？挟数万之资，经风涛之险，受辱于关吏，忍诟于市易，辛勤万状，所挟者重，所得者末。"② 为使家业能够传承下去，商人特别是一些商业大族特别重视商业知识的传授、商业道德和商业规范的弘扬，商贾家训便流行起来。徐少锦、陈延斌的《中国家训史》分析说，"商贾家训的繁荣，是明清社会商品经济发展和社会从

---

① 庞尚鹏：《庞氏家训》，清《岭南遗书》本。
② 李贽：《焚书》卷二，中华书局2009年版，第49页。

业观念转变的必然产物","中国古代的商贾家训产生于先秦,经过两汉、隋唐时期的积累,至宋代因士商结合而发生转折,在明清时期臻于完善,达到高峰"。如清代署名"涉世老人"所著《营生集》,总结经商经验教训,要求儿孙"须当珍藏在身,时取便览,更以流传后代,世世保守,免少年不通世故致浮荡自误,流为匪类"。明清商贾家训的主要内容包括以下几个方面:教导子弟从小读书,立志经商;当好学徒,磨炼基本功;遵行经商道德,力戒嫖、赌、烟、酒;追求官、儒、商三位一体等。商贾家训中的商业道德、商业规范的传承,对商业的发展起到了重要作用。

二、明清家训的主要内容

(一) 治家观:父子、兄弟、夫妇关系及其新变

张履祥的《训子语》说一家之中"父子、兄弟、夫妇,人伦之大,一家之中,惟此三亲而已,不可稍有乖张"。具体言之,就是要父慈子孝,兄友弟恭,夫唱妇随。这是明清家训治家观的主要内容。

父慈子孝就是要求父子各尽其道。孝道一直是传统社会的基石,历来家训都非常强调孝的观念,明清也不例外。如明人曹端的《夜行烛》说:"孝乃百行之原,万善之首,上足以感天,下足以感地,明足以感人,幽足以感鬼神,所以古之君子,自生至死,顷步而不敢忘孝焉。"孝是百行之源,万善之首,可以感天地动鬼神。明人姚舜牧也说"孝悌忠信,礼义廉耻"是人所应具备的基本素质,是人之所以为人的根本。姚舜

牧的《药言》说:"孝悌忠信,礼义廉耻,此八字是八个柱子,有八柱始能成宇,有八字始克成人。圣贤开口便说孝悌,孝悌是人之本,不孝不悌,便不成人了。"

怎样才是孝,康熙帝的《庭训格言》说:"凡人尽孝道,欲得父母之欢心者,不在衣食之奉养也。惟在善心,行合道理,以慰父母而得其欢心,斯可谓真孝者也。"对父母孝顺,除衣食奉养之外,还要得父母欢心。《温氏母训》指出,凡事禀于尊长,听从尊长的意见,就是孝,谓"凡子弟,每事一禀命于所尊,便是孝悌"。石成金的《传家宝》认为,使父母安心就是孝,谓:"何为安父母的心?凡事要听父母教训,做个好人,行些好事,不敢越理犯法,惹祸招灾,大则扬名显亲,小则安分乐业,父母心中方才欢喜。为何孝字连个顺字?为子者须要时刻把父母的心细细体贴,着意尊敬,不敢有一些冲撞,言语遵从,不敢有一些违拗。不但承欢膝下不悖逆,就是父母不在面前,所作所为的事,略要父母耽忧的,提起父母的念头,便急忙改正,惟恐亏体辱亲,这才叫作孝顺。"在他看来,首先,听从父母教诲,即使不能扬名显亲,光宗耀祖,也能做个安分乐业的好人。其次,要体贴尊敬父母,言语遵从,不冲撞违拗。再次,要不做丢父母颜面之事,不做让父母担忧之事,这就是孝顺了。

兄弟之间要友爱。吴汝纶的《谕儿书》说:"凡为人先从孝友起","友则同父之兄弟姊妹,同祖之兄弟姊妹,同曾祖、高祖之兄弟姊妹,皆当和让,此乃古人所谓亲九族也。"在古人看来,为兄者要爱护弟弟,为弟者要尊敬兄长,兄弟友爱,家族才能和睦。兄弟同为父母所生，有着最天然的血缘关系，血脉相连，所以要相互友爱扶持。金敞的《宗约》说："兄弟非他，即父母之遗体，与吾同气而生者也。人不忍忘父母，则见父母之手泽与父母平日亲厚之人，尚必为之恻然动念，不敢轻蔑遗弃，况父母之遗体耶？"杨继盛的《谕应尾、应箕两儿》说："敬你哥哥要十分小心，合敬我一般的敬才是。若你哥哥计较你些儿，你便自家拜跪，与他陪礼。"谓在世间情感中，兄弟之情也最长久，所以更要友爱。

明清家训中除了深化孝道理论与兄弟之间友爱之情外，与前代相比，对孝友的规定更加具体化。

在治家观念中，夫妇关系观较前代变化最大。夫妻之间仍以敬慎为主，但与前代不同的是男女平等意识逐渐加强。《易经·序卦传》说："有天地，然后有万物；有万物，然后有男女；有男女，然后有夫妇；有夫妇，然后有父子；有父子，然后有君臣；有君臣，然后有上下；有上下，然后礼义有所错。"传统婚姻中，夫妻的重要社会贡献是"传宗接代""合两姓之好"。李晚芳的《女学言行纂》说："妇以敬顺为务。"蓝鼎元的《女学》也说："夫妇之好，不患不亲，患其过于狎也"，"专心正色，相敬如宾，斯谓之礼。若彼乱发坏形，窈窕作态，则非庄妇可知，见者将厌薄之矣。"这些规定都延续了传统观念，强调夫妇关系以敬慎为主。敬，表示一种等级；慎，表示一种距离。所以"冯友兰先生说：'儒家论夫妇关系时，但言夫妇有别，从未言夫妇有爱。'其实不但不言相爱，而且把婚

103

姻看得十分严肃，甚至带着一些悲壮的调子"①。

但明清时期，夫妻关系观发生了新变化。夫妻关系由从前的"敬"逐渐转变为"和"，强调维系婚姻的情感，"琴瑟和鸣"成为明清上层婚姻生活的主流趋势。如张履祥的《训子语》说："妇之于夫，终身攸托，甘苦同之，安危与共，故曰：得意一人，失意一人。舍父母兄弟而托终身于我，斯情亦可念也。事父母、奉祭祀、继后世，更其大者矣。有过失，宜含容，不宜辄怒；有不知，宜教导，不宜薄待。《诗》曰'如宾如友'，宾则有相敬之道，友则有滋益之义。"

（二）治生观：多元化的治生之道

《温氏母训》说："治生是要紧事。"为解决家人生计问题，明清家训非常关注治生之道，多有论述治生的内容。明代霍韬《霍渭崖家训》、许相卿《许氏贻谋》、庞尚鹏《庞氏家训》、姚舜牧《药言》，清代张履祥《训子侄》、孙奇逢《孝友堂家规》、高拱京《高氏塾铎》、钟于序《宗规》、焦循《里堂家训》、张英《恒产琐言》等，对治生均有详细的论述。高拱京认为治生具有重要意义：可以免饥寒；可以致寿考；可以远淫僻。焦循《里堂家训》卷上说："儒者以治生为要，一切不善，多由于贫。至于贫而能坚守不失，非有大学问不能，莫如未穷时，先防其穷。"

明清时期的治生之道相较于前代，最大的不同是虽强调耕读传家，但主张士、农、工、商诸业都是治生之业。这样的治

---

① 费孝通：《生育制度》，商务印书馆2008年版，第194页。

生观与明清经济发展多元化趋势相一致。当然，虽说士农工商均是治生之业，但最被重视和强调的仍是耕读传家。钟于序、张履祥、姚舜牧、孙奇逢、刘良臣、高拱京、庞尚鹏等人都以士业为治生的第一选择。

正如冯班的《家戒》所言，士能"为人之所不能为，知人之所不能知，尽心力而务之，不得利必得名，人皆不如我，我得名利也"。汪辉祖的《双节堂庸训》阐述士业的优势说："子弟非甚不才，不可不业儒。治儒业，日讲古先道理，自能爱惜名义，不致流为败类。命运亨通，能由科第入仕固为美善，即命运否塞，藉翰墨糊口，其途甚广，其品尚重。故治儒业者，不特为从宦之阶，亦资治生之术。"在他看来，业儒则家人子弟自然品性贤良，故以士业为修身之本；若能科举中第，则可出人头地，光宗耀祖；最后即使名落孙山，仍可翰墨生涯，温饱无忧。张履祥的《训子语》、张英的《聪训斋语》等则称耕种是治生之正道。张履祥认为商、工、医、卜等为下贱的治生之业，"商贾近利易坏心术，工技役于人近贱，医卜之类又下工商一等"，所以坚称"治生惟稼穑"，甚至认为"舍稼穑无可为生者"。

霍韬《霍渭崖家训》、许相卿《许氏贻谋》、庞尚鹏《庞氏家训》、姚舜牧《药言》、温以介《温氏母训》、谢启昆《训子侄文》、汪辉祖《双节堂庸训》等家训，都认为士农工商皆治生之业。汪辉祖的《双节堂庸训》说："如不能习儒，则巫医、僧道、农圃、商贾、技术，凡可以养生而不至于辱先者，皆可为也。"《温氏母训》说："士、农、工、商各执一业，各

105

人各治所生。"许相卿的《许氏贻谋》说："农桑本务，商贾末业，书画医卜，皆可食力资身。"谢启昆的《训子侄文》说："世间不过士、农、工、商四等人。以士言之，若能专志一力，积学问，取高第，致显宦，守道勤职，上而尊主泽民，下至一命之吏，于物必有所济，仰不愧君父，俯不怍妻子，岂不受用？即做一穷秀才，工诗文，善书法，或称才子，或尊为宿儒，桃李及门，馆谷日丰，岂不受用？"这是阐述士业的好处，高举显宦与秀才书生都可保障生活。

"农春耕夏耘，妇子偕作，沾体涂足，挥汗如雨，非老不休，非疾不息，及获有秋，欢然一饱，田家之乐，逾于公卿，岂不受用？"也就是说，以耕为业，则春耕夏耘秋收，丰衣足食，可享田家之乐。

"百工研精殚巧，早起夜作，五官并用。其成也五行百产，一经运动，皆成至宝，上之驰名致富，次之自食其力，计日受值，无求于人，不困于天，岂不受用？"以工为业，凭借精湛手艺，可以不惧旱涝，日有所得。"商则贸迁有无，经舟车跋涉之劳，有水火盗贼之虑。物价之低昂，人情之险易，一一习知。行之既久，一诺而寄千金，不胫而走千里。大则三倍之息与万户等，次亦蝇头之利若源泉然，岂不受用？然此皆从刻苦中来也。"[1] 以商为业，虽然辛苦，但获利亦多。所以"士之攻书，农之力田，工之作巧，商之营运"，都可看作是治生的手段，各有优势。

---

[1] 谢启昆：《树经堂文集》卷一，清嘉庆间刻本。

第四章　普及期：明清家训

（三）治学观：倡导读经史

明清科举大盛，无论是士大夫家训，还是商贾家训，都十分强调读书的重要性。首先，读书入仕是家道兴盛的重要保障；其次，读书是修身做人的根本；再次，读书还是保持家学、家风延续的重要方式。郑板桥的《潍县署中与舍弟墨第二书》说："夫读书中举，中进士，作官，此是小事，第一要明理做个好人。"[1] 张英《聪训斋语》说："读书固所以取科名，继家声，然亦使人敬重。"[2] 具体的学习内容，家训则强调读四书五经，或兼令读史。明人吴麟徵的《家诫要言》提到："世人贵经世，经史最宜熟。功夫逐段作去，庶几有成。"清人王心敬的《丰川家训》说："子弟如气质驽下，不能博涉五经全史，经如《书经》《礼记》，却须精习一部。《小学》《性理》《纲目》《大学衍义》数书，亦须教之，常行观玩，使知做人正路、性命源流、圣学宗旨、古今治乱、历代人物梗概。"

只有采取正确的读书方法才能有所成就。曾国藩的《致诸弟（道光二十二年十二月二十日）》说"有志则不甘为下流"，"有恒则断无不成之事"[3]。《与诸弟书（道光二十四年十一月二十一日）》又说"切勿以家中有事而间断看书之课，又弗以考试将近而间断看书之课。虽走路之日，到店亦可看；考试之日，出场亦可看也"[4]。读书的方法就是要早读书，多练习，

---

[1]　郑燮：《郑板桥全集》卷七，凤凰出版社2012年版，第248页。
[2]　张英：《文端集》卷四十六，《四库全书》本。
[3]　龙榆生编：《曾国藩家书选》，上海古籍出版社2016年版，第41页。
[4]　龙榆生编：《曾国藩家书选》，第75页。

注重看、读、写、作的结合,四者"每日不可缺一。看者,如尔去年看《史记》《汉书》《韩文》《近思录》,今年看《周易折中》之类是也。读者,如《四书》《诗》《书》《易经》《左传》诸经、《昭明文选》、李杜韩苏之诗、韩欧曾王之文,非高声朗诵则不能得其雄伟之概,非密咏恬吟则不能探其深远之韵。譬之富家居积,看书则在外贸易,获利三倍者也;读书则在家慎守,不轻花费者也。譬之兵家战争,看书则攻城略地,开拓土宇者也;读书则深沟坚垒,得地能守者也。看书与子夏之'日知所亡'相近,读书与'无忘所能'相近,二者不可偏废"。陆陇其《示三儿宸徵》说"汝读书要用心,又不可性急。'熟读精思,循序渐进',此八个字,朱子教人读书法也,当谨守之"[①],强调学习切不可急于求成、操之过急,要循序渐进、日积月累,方可有成效。

　　明清家训治学观中值得注意的还有对胎教及蒙学的关注。许相卿的《许氏贻谋》说:"古者教道贵预,今来教子宜自胎教始。妇妊子者,戒过饱,戒多睡,戒暴怒,戒房欲,戒跛倚,戒食辛热及野味。宜听古诗,宜闻鼓琴,宜道嘉言善行,宜阅贤孝节义图画,宜劳逸以节,动止以礼。"怀孕时期的"五宜"与"六戒",就是要求在怀孕期间关注胎教,这样才能实现优生优育。孙奇逢的《孝友堂家训》说"端蒙养,是家庭第一关系事",非常注重儿童的早期教育。明清童蒙家训著作甚富。除注解《三字经》《百家姓》等前代蒙学教材外,

---

① 陆陇其:《渔堂文集》卷六,清康熙间刻本。

还专门编著了大量的童蒙教材。明人萧良有编撰的《龙文鞭影》流传极为广泛。清人陈宏谋编《五种遗规》，其中《养正遗规》辑录了前代蒙学教育的经典论述。崔学古的《幼训》阐述蒙学的教育方法："教训童子，在六七岁时，不问知愚，皆当用好言劝谕，使知读书之高。勤于教导，使不惮读书之苦。若徒事呵斥而扑责，不惟无益，且有损也。"这种观点与现代的赞扬赏识教育有相似之处。在六七岁时，引导孩子喜爱读书是非常重要的，儿童年龄渐长可以用稍微严厉一些的方法，"至八九岁时，年方稍长，或可用威。若遇聪颖者，即如前法，亦足警悟。其或未觉，略用教笞"。这比较符合儿童心理发展，循序渐进地教导孩子可以起到事半功倍的效果，到了"十四五岁，尤为邪正关头"，更要"循循诱掖"，这样"自当水到渠成"，儿童只要"收其放心，勿使之稍涉家务外务，专心读书，不责自进"。

  明清时期提出的早教方法，具有一定的科学合理性。康熙帝说："朕七八岁所读之书，至今五六十年，犹不忘记，至于二十以外所读之经书，数月不温即至荒疏矣。"张履祥也说，二十岁以前与二十岁以后读书的效果大不相同，"六经、秦汉古文，词语古奥，必须幼年读"。读书重视早教，对今天的儿童教育仍有着重要的借鉴意义。

下篇

第五章
传统家训与地域文化

古代家训总体来说不外乎两个层面，一是治人，一是治家。治人即是告诫家人、族人注重自我德行，时刻不忘修身，小则独善其身，大则兼济天下。治家实际涉及家庭家族成员的管理，家庭家族的发展和生计。总之，不离于修身、齐家、治国、平天下。这两方面基本上涵盖了《颜氏家训》之后家训的核心内涵。[①] 总的来说，中国传统文化具有高度的内在一致性，但同时也存在地域差异，随着历史的推移，经济、政治等条件的变化，各区域文化呈现出一定的地方性和特异性。这些差异体现出不同地理空间、历史时期的人们对家规家训的理解和要求，呈现出不同家族、家庭对生存、生活价值的理解和思考。

一、吴越地区家训

从地域上看，吴越主要包括江苏、浙江、上海及福建、江

---

① 参见朱明勋：《中国家训史论稿》，巴蜀书社2008年版，第95页。

西的一小部分。吴地处在太湖流域的平原上，农业生产发达，水陆交通便捷，商品流通活跃，是典型的鱼米之乡。越地临江薄海，山多平地少，与吴地相比，生活空间相对狭窄和闭塞。地理环境之差异，导致吴地文化典雅柔美，越地则质朴阳刚。

吴越自古富庶，人才辈出，文化气息较为浓厚，名士众多。宋代浙东学派崛兴，源远流长，上承关、洛之学，下开浙学一脉。明清名士多出自吴越，出现了阳明学派、扬州学派、常州学派等。崇学尚文，人才辈出，加上商业的影响，许多著名的家训即出自此地。

（一）范仲淹等《范氏义庄规矩》

范仲淹（989—1052年），字希文，苏州吴县（今江苏苏州）人。大中祥符八年（1015年）进士，官至参知政事，卒谥文正。《宋史》有传。他以天下为己任，因议论朝政和积极主张改革弊政而屡遭贬谪。传世有《范文正公文集》。

范仲淹两岁时，父范墉病故，家贫无依无靠，母亲谢氏只得改嫁淄州长山朱氏，范仲淹亦改姓朱。范仲淹从小节俭，勉力向学。考中进士后，将母亲接回奉养，并改回范姓。他经历贫苦，深知生活的艰难，于是创立了为族人谋福利的宗族性组织"义庄"。义庄由义田发展而来。义田是由宗族中的某户或同族人共同拿出部分田地，收取的地租用来赡养同宗族的贫困家庭。后来进一步发展，在义田内建筑房舍，逐渐扩大成为庄园，即义庄。范氏身居高位，不喜奢华，生活俭素，体恤宗族之疾苦，不仅慷慨解囊，设立义庄，还亲自制定《范氏义庄规矩》。此后，范氏后人不断扩大义庄规模，特别是其次子范纯

第五章　传统家训与地域文化

仁更进一步扩大了义庄的范围。由于规模持续增大，在租米钱粮分配时必然产生新的问题，因此范氏后人便在范仲淹文本的基础上继有修订。

范仲淹为规范义庄的管理，初定《义庄规矩》十三条，对义庄财产管理和分配进行了详细的安排，大致包括同宗族各房日常的衣食和为官家居者的米绢供给、婚嫁丧葬的费用拨付以及对贫穷族人的接济。如规定："逐房计口给米，每口一升，并支白米。如支糙米，即临时加折（支糙米每斗折白米八升，逐月实支每口白米三斗）"，"嫁女支钱三十贯，再嫁二十贯"，"娶妇支钱二十贯，再娶不支"，"逐房丧葬：尊长有丧，先支一十贯，至葬事又支一十五贯。次长五贯，葬事支十贯。卑幼十九岁以下丧葬通支七贯，十五岁以下支三贯，十岁以下支二贯，七岁以下及婢仆皆不支。"[1] 为避免族人铺张浪费，或者占用口粮，范氏规定：族人的口粮按月领取，不得预先支取。为预防灾年，还制定了相关的平衡收支举措。

范氏后世子孙对《义庄规矩》作了一些补充。如族人不得租佃义田，以免族人间为地租伤和气；义庄不得典买族人田土，希望族人不丧失土地；不得占用义仓会聚，非出纳不开；义庄建有义宅，供无房族人借住。另外，对于参加大考的族人子弟给予经费，使"诸房子弟知读书之美，有以激劝"。义庄中还设有义学，从子弟中选取有功名、品德优良者作为老师，教育族中子弟，提高族人文化素质。

---

[1] 《范仲淹全集》，凤凰出版社2004年版，第918—919页。

115

范仲淹创立的义庄，救济族中贫困者，可为世范，同时这种凝聚族人的组织有利于地方社会的安定，因而受到朝廷的褒奖与支持。范仲淹及其子孙订立的《义庄规矩》，不仅维护了宗族共同体的存在和发展，而且对宗族成员的教化产生了积极的影响。宋人胡寅的《成都施氏义田记》说："本朝范文正公置义庄于姑苏，最为缙绅所矜式。"① 元代汤镛效法范仲淹，乐善好施，"置义田以赡同族……大略仿范文正公之成规而微有所损益，其为施贫活族之义则无以异也"②。《义庄规矩》所标举的家族教育和宗族管理这种礼法并用的范式，颇具借鉴意义。

（二）焦循《里堂家训》

焦循（1763—1820年），字理堂，又字里堂，江苏甘泉（今江苏扬州）人，清代经学名家。嘉庆六年（1801年）举人，翌年会试不第。奉母里居，终生以授徒著述为业。在北湖畔构筑一小楼，名为雕菰楼，日夜读书著述其中。《清史稿》有传。

《里堂家训》是焦循为教导儿子焦廷琥而撰写的一部家训。全书上下二卷，上卷专述治学门径，下卷叙论立身治家之道。焦氏教育其子无论家庭如何，读书都是必需的，他说："家之不幸，莫如不肯教子弟。教子弟读书，不可不专，不可不严。人于他事或有不能，至读书未有不能者。不必问资质之清浊，只以读书一途导之、驱之、未有不能者也。其读之不成

---

① 胡寅：《斐然集》卷二十一，《四库全书》本。
② 黄溍：《文献集》卷七下，《四库全书》本。

者,皆教之不专、不严之咎也。"① 认为父母对孩子的读书教育至关重要,在培养子女读书习惯上,必须要严格对待,使其不敢懈怠,才能培养其成才。在他看来,读书并非简单的知识学习,效法圣贤,学以致用,方可为上乘,他说:"圣贤之学,以日新为要。三年前闻其人之谈如是,三年后闻其人之谈如是,其人可知矣。越五年、十年而其学仍如故者,知其本口耳剽窃,原无心得,斯亦不足议也矣。"

在治学方法上,他反对墨守,对乾嘉学者一些门户之见不以为然:"说经不能自出其性灵,而守执一之说以自蔽,如人不能自立,投入富贵有势力之家以为之奴,乃扬扬得意,假主之气以凌人。受其凌者,或又附之,则奴之奴也。"认为治学当有自己的独特理解,不能一味依附他人之见。此外,他还就乾嘉考据学提出批评,认为若一生只为校勘、辑佚之学,则非治经学之目的。他告诫儿子治学当重视义理,不过也不能不知校勘、辑佚之学。

另外,关于立身治家,认为当以"治生为要",勤俭持家,量入为出。他说:"儒者以治生为要,一切不善,多由于贫。至于贫而能坚守不失,非有大学问不能,莫如未穷时先防其穷。防之道如何?曰勤,曰俭,曰量入以为出。"认为读书固然重要,基本生活保障亦不可缺少,所以提醒儿子要懂得操持家务,勤俭不可失。同时,又提醒儿子生平要有一个可以谋生的职业,"四民之中,执其一业,岁必有所入,有所入而量

---

① 焦循:《里堂家训》,《续修四库全书》本。下同。

以为出，可不饿矣"。

焦循学问渊博，家训识见亦高。顾廷龙评价说："论治学，以博学为作文之本，作文为宣学之器。又以规矩绳墨定其是非，一以纯正为旨，不持门户之见；论立身，则以克勤克俭、尊儒崇道、安分守己、慎交择游为修养之主。盖皆自述生平躬行实践所得，教其子弟，亲切可行，非空言高论所得拟也。"《里堂家训》在焦循生前未刊行，光绪十一年（1885年），仪征吴炳湘始刻入《传砚斋丛书》中。

二、山左地区家训

山左为孔孟儒学的发源地，齐鲁大地自古深受儒家文化的熏染。《论语》《孟子》所记录孔子、孟子教导弟子门人言行的章句，甚至可以看作家规家训的雏形。汉代时期，山左出现一大批博通经学的大儒。如西汉传习《尚书》的孔安国、遍注群经的郑玄、公羊学大师何休，都对儒家文化的传播作出了贡献。之后，山左学术文化基本上是承先秦孔孟之学、汉代六经之学延续发展下来的。

（一）葛守礼《葛端肃公家训》

葛守礼（1505—1578年），字与立，德平（今山东德州）人。嘉靖八年（1529年）进士，官至左都御史。《明史》有传。该书又名《视履家训》《葛氏家训》。于慎行《序》称"盖自考所行以为子孙法也"①。该书所记多为作者为官从政的

---

① 葛守礼：《葛端肃公家训》卷上，嘉庆七年刻本。

经验之谈，目的当是告诫子孙为官之道。如："予在仕途三十年，迄今得优游林下，于世味淡然相忘，似皆得一简静力……俟命君子，夫所谓无入而不自得，盖以立身行己，自有法度，对不自失而言耳……若做官先要做人，事事为念，为义为公，成败利钝皆无足计……兢兢翼翼，作事谋始，凡自我行，务上有益于朝廷，下有利于生民，而无求收赫赫之名，其庶矣。大凡人生能清约，即能秉正，事无不可为。夫出处一机，尔辈其即当自今学廉静无求，异日居官，不负所学，无忝尔家，使人称为清白吏子孙可矣。"告诫子孙为官要以身作则，率先垂范；不论居家抑或为官，都要操守如一，不辱自身清白。另外，举例说明了为官要清正廉洁，不以权谋私。① 该书所谈皆作者亲历之事，既可见作者的言行操守，也体现了当时的社会状况。该书作为家训，教诫作用明显。明人冯琦的《葛端肃公家训序》说："读是编者，多嗜者以窒其欲，喜竞者以释其躁，志昏者以敦其植，气馁者以振其颓，故学士大夫持身之衡而涉世之摹也。"

（二）郝培元《梅叟闲评》

郝培元（约1730—1800年），字万资，号梅庵，栖霞（今山东栖霞）人。乾隆间贡生。其子为考据名家郝懿行。该书是作者乾隆五十八年（1793年）以随笔形式记录的治家格言，中有郝懿行等人评语。

书中结合自己的人生经验，因人论事，阐释教子方式、读

---

① 参见葛守礼：《葛端肃公家训》卷上，嘉庆七年刻本。

书方法以及维护家庭内团结的道理。教子方面，郝培元认为教子不能禁之于性情已成之后，而应防之于天性未丧失之初。他说："少年心性不定，须刻刻提防，是即加束缚，制放荡，俾如树如瓮也。迨骨骼坚成，学问加进，更使遍历诸艰，通达世故，犹之颠扑挫折与夫压石，终归妥帖圆正而无摧折也。"又教导儿子做事当心胸坦荡，光明磊落，做到"无一念不可与天知，无一事不可对人言"，并说："记恨人短处，大非忠厚之道。其人不知礼，以无礼待我；其人略知礼，亦以无礼待我。我受之虽觉难堪，不必深校也，久则相忘。或人自知悔，或渠之后人欲修和，我便与之相好如初，有什么芥蒂记恨处……丈夫作人，须有磊落气象，食古不化，不足与言文，居心偏窄，不足与处事。"文中还谈到夫妇关系的处理："虽有悍恶之妇不听驯化，亦有善处之法，凭他背地说什么，止是出上耳朵听一句也。今为男子者，妇言奉为金字，多心经。甚有粗躁男子，妇方怒于室，夫亦色于市。不论曲直，不顾是非，一味偏爱护短，此等男子真不成丈夫。"[①] 郝懿行在父亲的管教督促之下，自幼便刻苦好学，终成为有清一代汉学大家。

三、江右地区家训

江右，指长江以西地区，古人以西为右，故又称江右。江右地区有浔阳文化、豫章文化、临川文化、庐陵文化、袁州文化、赣南客家文化。江右文人名士辈出，自宋代以来号为理

---

① 郝培元：《梅叟闲评》卷一，光绪十年东路厅署刻本。

窟，北宋"清江三孔""临川三王""南丰三曾"传为美谈。三孔为孔文仲、武仲、平仲，与苏轼、苏辙同时，并以文章名一世，故黄庭坚有"二苏联璧""三孔分鼎"之语。三王指王安礼（王安石之弟）、王安国（王安石胞弟）、王雱（王安石之子）。三曾为曾巩、曾布、曾肇。曾布有"三世文章称大手，一门兄弟独良眉"的诗句，虽是自誉，却是实情——自其祖曾致尧被荐为翰林，到第三代出现曾巩兄弟。南宋最杰出的为金溪三陆（陆九韶、陆九龄、陆九渊）、朱熹，皆深于理学，陆九渊为江右心学的代表，朱熹传二程之学，开辟大宗，与陆九渊并称"朱陆"。此外，又有欧阳修、王安石、黄庭坚等文坛大家。明代中后期，出现了邹守益、欧阳德、聂豹、罗洪先等阳明心学传人。江右王门极盛，黄宗羲《明儒学案·江右王门学案》说："姚江之学，惟江右为得其传。"江右重理学，形成自具特色的家训文化，朱熹《朱子家礼》、陆九韶《陆氏家制》、刘清之《戒子通录》皆为典范。

（一）朱子家训

朱熹的家训，据《中国历代家训文献叙录》，有《朱子训子帖》一卷、《童蒙须知》一卷、《家礼》五卷。三种著述，从不同角度彰显了朱熹的家训观念。《朱子训子帖》是朱熹写给长子朱塾的家书合编。乾道九年（1173年）夏，朱熹派朱塾到婺州向吕祖谦求学。他在书中说："汝若到彼，能奋然勇为，力改故习，一味勤谨，则吾犹有望。不然，则徒劳费，只与在家一般。他日归来，又只是旧时伎俩人物，不知汝将何面目归见父母亲戚、乡党故旧耶？念之念之，夙兴夜寐，无忝尔所生！在此一行，千万努力！"[1] 家书中，朱熹多次教导儿子应当如何为人、如何治学。如告诫他"凡事谦恭，不得尚气凌人，自取耻辱。不得饮酒，荒思废业，亦恐言语差错，失己忤人，尤当深戒。不可言人过恶，及说人家长短是非。有来告者，亦勿酬答。于先生之前，尤不可说同学之短"。学习方面，教导儿子"日间思索有疑，用册子随手札记，候见质问，不得放过。所闻诲语，归安下处思省，要切之言，逐日札记，归日要看。见好文字，亦录取归来"[2]。

《童蒙须知》又名《训学斋规》，是朱熹编纂的一部训导子弟的家训之作，目的是教导子弟从小在生活和学习方面养成良好的规范。分为《衣服冠履》《语言步趋》《洒扫涓洁》《读书写文字》《杂细事宜》五篇，皆少儿日常生活中应当遵守的规范。如生活方面，"凡脱衣服，必齐整折叠箱箧中，勿散乱顿放，则不为尘埃杂秽所污。仍易于寻取，不致散失"。仪态方面，"凡行步趋跄，须是端正，不可疾走跳踯。若父母长上，有所唤召，却当疾走而前，不可舒缓"。读书方面，"凡读书，须整顿几案，令清洁端正。将书册整齐顿放，正身体对书册，详缓看字，仔细分明读之……余尝谓读书有三到，谓心到、眼到、口到。心不在此，则眼不看仔细。心眼既不专一，却只漫浪诵读，决不能记，记亦不能久也。三到之法，心到最急。心既到矣，眼口岂不到乎？"后世以之作为重要的蒙学课本。

---

[1] 《朱熹集·续集》卷八，四川教育出版社1996年版，第5286页。
[2] 《朱熹集·续集》卷八，四川教育出版社1996年版，第5285—5286页。

《家礼》是朱熹斟酌古今礼书编纂而成的一部家庭礼仪之作。共五卷，依次为通礼、冠礼、昏礼、丧礼、祭礼。书中对日常礼仪的程序、器用、陈设、规范等都有详细的阐说。而且为便于施行，还对很多礼仪作了简化。南宋以来，《家礼》在社会上传播广泛，为世人遵用，后世家规家训深受其影响。明太祖洪武元年（1368年），诏令"凡民间嫁娶，并依朱文公《家礼》行"[1]。

(二) 陆九韶《陆氏家制》

陆九韶（1128—1205年），字子美，号梭山居士，抚州金溪（今江西抚州）人，陆九渊之兄。据《宋史·陆九韶传》记载，他学问渊博，长期讲学梭山之中，远离官场仕途。曾经与朱熹讨论过太极、无极的问题，在思想上主张学术以切于日用为要，注重道德践履。

陆氏一门，十世同居，家法极严。陆九韶继承家风，为训诫子弟，特意制定《陆氏家制》。《宋史·陆九韶传》载："岁迁子弟分任家事，凡田畴、租税、出内、庖爨、宾客之事，各有主者。九韶以训戒之辞为韵语，晨兴，家长率众弟子谒先祠毕，击鼓诵其辞，使列听之。子弟有过，家长会众子弟责而训之。不改，则挞之；终不改，度不可容，则言之官府，屏之远方焉。"

《陆氏家制》原载《梭山日记》第八卷，包括《居家正本》上下篇、《居家制用》上下篇。《居家正本》强调的便是正本。

---

[1] 李善长：《大明令》，《明皇制书》本。

正本是要求做人端正根本，突出道德养成在教育中的重要性。陆氏说："夫事有本末，知愚贤不肖者本也，贫富贵贱者末也，得其本则末随，趋其末则本末俱废。此理之必然也……今行孝弟，本仁义，则为贤为知。贤知之人，众所尊仰，虽箪瓢为奉，陋巷为居，已固有以自乐，而人不敢以贫贱而轻之，岂非得其本而末自随乎？"此即言孝悌仁义等纲常伦理是做人的根本。所以他说："人之爱子，但当教之以孝弟忠信，所读之书先须《六经》《语》《孟》。通晓大义，明父母、君臣、夫妇、兄弟、朋友之节，知正心、修身、齐家、治国、平天下之道，以事父母，以和兄弟，以睦祖党，以交朋友，以接邻里，使不得罪于尊卑上下之际。"①

陆氏作为一个理学家，看重的是自我道德修养的提升，而非名利的追逐。因此他批评一些子弟日常所做无非是争名逐利，并指出贪求名利的危害：当名利得不到满足时，势必导致人与人之间关系的破裂，伤害父子兄弟间的感情。所以，他提醒后辈："夫谋利而遂者不百一，谋名而遂者不千一，今处世不能百年，而乃侥幸于不百一不千一之事，岂不痴甚矣哉？"②清人陈宏谋评价此书说："其言正本也，以孝弟忠信、读书明理为要，而以时俗名利之积习为戒，其警世也良切。至于致用之道，不过费以耗财，亦不因贫而废礼。随时撙节，称家有

---

① 陆九韶：《陆氏家制》，《续修四库全书》本。
② 徐少锦、陈延斌：《中国家训史》转引，人民出版社2011年版，第449页。

无，犹理之不可易也。"①

四、湘楚地区家训

湘楚主要指今湖南。楚文化兴起很早，流传久远。屈原、宋玉等人是早期楚文化的代表。到了宋代，出现著名的理学家胡安国、胡宏，后世尊为湖湘学派的创始人。胡宏弟子张栻发挥师说，率众讲学，与朱熹、吕祖谦并称"东南三贤"。明末清初大思想家王夫之又有承接发展。到了近代，在时势的推波助澜下，产生了一大批湖湘学者，如陶澍、贺长龄、魏源、曾国藩、左宗棠、胡林翼、郭嵩焘、谭嗣同、熊希龄等，将湖湘文化发扬光大。湖湘文化重视践履，提倡经世致用，具有强烈的爱国务实精神。湖湘地区家训蕴含着湖湘人的爱国、刚勇、务实，既可见理学家对德性操守的持重，又可见经世务实的精神。

（一）胡达源《弟子箴言》

胡达源（1777—1841 年），字青甫，号云阁，湖南益阳（今湖南益阳）人，胡林翼之父。嘉庆二十四年（1819 年）进士，授翰林院编修，累官少詹事。著有《弟子箴言》十六卷。《自序》说："匠者之有规矩，不易之法也；儒者之有教令，不易之理也。浸灌乎仁义中正之理，以范乎准绳规矩之中，要必自弟子始。""顾尝念生平志向有定，庶几循序而渐进焉者，

---

① 陈宏谋编：《五种遗规·训俗遗规》卷一，中国华侨出版社 2012 年版，第 186 页。

既已备承父师之教，独不思推衍绪余为弟子诲乎？况弟子浑然之天性甚易漓，宽然之岁月甚易逝乎？于是撮举旧闻，往复告语，引伸之以畅其义，曲喻之以达其情。或援经以明得失之几，或证史以立是非之鉴。辞归明显，意寓箴规，其所以奖劝而儆惕者，盖亦略具于此。"① 此书共分十六卷：奋志气、勤学问、正身心、慎言语、笃伦纪、睦族邻、亲君子、远小人、明礼教、辨义利、学谦让、尚节俭、儆骄情、戒奢侈、扩才识、裕经济，各一卷。大抵先引经据典，然后加入个人体悟，且附以历代人物事迹。

关于志气，首篇讨论这一问题："人当幼学之时，即具大人之事，孟子曰：尚志。志于仁，充其恻隐之心，可以仁育万物矣。志于义，充其羞恶之心，可以义正万民矣。居仁由义，体用已全，此士之事也，此大人之事也。"希望弟子先立志，如此方可日后为仁义之行，成大人之事。又说闻圣人之风，当以圣贤为师："圣人固百世之师也，乃其兴起者，即圣人之徒也。有兴起之志气，即有兴起之学问。果毅奋发，孜孜不已，何患不到圣贤地步。"此即鼓励弟子们向圣贤学习，争做第一等人，摒去庸愚。他认为"学者立志，必要做第一等事，必要做第一等人"，而在具体行事中，还需具备一定的勇猛性格："人必刚硬果决，乃能肩荷得重大担子，要只在自反常直，此道义之助，刚大之本体也，不然只是血气之强耳，奚足贵哉！"

关于言语，胡氏认为言乃心声，因此与人交谈必须谨慎、

---

① 胡达源：《弟子箴言》，道光十五年闻妙香轩刻本。

怀有善意,谓:"人有恻隐之心,我以言成之;人有暴戾之心,我以言化之。此长善救恶于未然者也。既有恻隐之事,我以言充之;既有暴戾之事,我以言解之。此长善救恶于已然者也。呜呼!感人以言,虽属浅事,而苦口婆心,总期同归于善,其所济岂浅鲜哉!"慎重己言,是为了避免因言谈败坏风俗,有损名节,对他人产生伤害,招来祸端,即"一言而坏风俗,一言而损名节,一言而发人阴私,一言而启人仇怨,其害甚大,其祸甚速,断断不可言也"。

关于治学,胡氏认为学问乃进德之要,目标在于知天理,谓:"盖理具于心而散于事物,必博学周知,俾万理皆聚而无所遗。必审问判决,俾万理皆辨而无所惑,此君子进德之要也。"他还认为理与事不可分,二者不可忽略其一,以致偏废,并引真德秀语说:"先生曰:'古者学与事为一,故精义所以利用,利用所以崇德,本末非二致也。后世学与事为二,故求道者以政事为粗迹,任事者以讲学为空言。不知天下未尝有无理之事,无事之理,老庄言理而不及事,是有无事之理也。管商言事而不及理,是有无理之事也。深味傅说之言则古先圣王之正传可以识矣。'盖人惟多闻则理明,理明则事达,西山之说,足阐傅说之旨,此所谓有用之学也。"以《尚书》傅说之言来举例论证真西山之论,认定理与事不可离,体用兼具。

胡氏重视自我德性:"身者,家国天下之本也,完得此身分量,只靠着一修字。心者,身之主也,全得此心本体,只靠着一正字,心正则身正,身正则家国无不正矣。"认为自我修养是德性完善的基础,完善吾心,必须靠自我修养,使自己的心正，而心正则身必正，由此推及家、国、天下。

胡氏怀有经世思想，关注社会现实。他说："有尧舜君民之心，即有尧舜君民之事，伊尹以天下自任者也，而乐尧舜之道于畎亩之中。此其志量廓然，其措施了然。虽匹夫之贱，而治天下之道如指诸掌。故一旦推而行之，裕如也。学者不自菲薄，须知廊庙之经济备于草野之讲求，不可以不豫焉。"认为经济之事，正是圣贤所为，至于行事，要公私分明，不可乱了规范："以天下为公者，黜陟之权不可私也。朱子曰做宰相，只要一片公心，一双明眼，明眼则能识得贤不肖，心公则能进退得贤不肖。"要求为官者讲求公平公道，任人唯贤，不可怀有私心。

（二）左宗棠《家书》

左宗棠（1812—1885年），字季高，湖南湘阴人。道光年间举人，咸丰十年（1860年）由曾国藩推荐，率领湘军赴江西、安徽等地攻打太平军。累迁浙江巡抚、两江总督等职。《清史稿·左宗棠传》称其"为人多智略，内行甚笃，刚峻自天性"，"廉不言贫，勤不言劳。待将士以诚信相感，善于治民"。《家书》是左宗棠写给夫人、仲兄、子侄等人的信件，共一百五十七通，民国九年（1920年）由子左孝同刊行。整理本《左宗棠全集》编定为一百六十三通。书中除了谈及左氏仕宦经历外，大部分是对家人的嘱托和叮咛。

在《家书》中，左氏提醒子侄时刻不忘读书。如在与子孝威的信中说："读书要眼到（一笔一画莫看错）、口到（一字莫含糊）、心到（一字莫放过）。写字（要端身正坐，要悬

第五章 传统家训与地域文化

大腕,大指节要凸起,五指爪均要用劲,要爱惜笔墨纸),温书要多遍数想解,读生书要细心听解。"① 他还仔细询问学业,讲明读书做人之道:"尔近来读《小学》否?《小学》一书是圣贤教人作人的样子。尔读一句,须要晓得一句的解,晓得解,就要照样做……口里读着者一句,心里就想着者一句,又看自己能照者样做否?能如古人就是好人,不能就不好,就要改,方是会读书。将来可成就一个好子弟,我心里就欢喜,者就是尔能听我教,就是尔的孝。"② 提醒儿子读书要身心并用,践行圣人提倡的道德伦理。

关于读书目的,他说:"读书可以养性,亦可养身。只要功夫有恒,不在迫促也。"③《与癸叟侄》又说:"读书非为科名计,然非科名不能自养,则其为科名而读书,亦人情也。"希望子侄读书不为外界诱惑困扰,增强自己的定力,完善自我气质:"尔气质颇近于温良,此可爱也,然丈夫事业非刚莫济。所谓刚者,非气矜之谓、色厉之谓,任人所不能任,为人所不能为,忍人所不能忍。志向一定,并力赴之,无少夹杂,无稍游移,必有所就。以柔德而成者,吾见罕矣,盍勉诸!"④

家书中还讲到读书须先立志的重要性:"读书作人,先要立志。想古来圣贤豪杰是我这般年纪时是何气象?是何学问?是何才干?……心中要想个明白,立定主意,念念要学好,事

---

① 《左宗棠全集》,岳麓书社1986年版,第3页。
② 《左宗棠全集》,岳麓书社1986年版,第3页。
③ 《左宗棠全集》,岳麓书社1986年版,第47页。
④ 《左宗棠全集》,岳麓书社1986年版,第5页。

事要学好。自己坏样一概猛省猛改,断不许少有回护,断不可因循苟且,务期与古时圣贤豪杰少时志气一般,方可慰父母之心,免被他人耻笑。"左氏希望子侄要具有圣贤的气象,行为举止要向豪杰圣贤看齐,不要做平庸之人,强调立志后坚定不移:"偶然听一段好话,听一件好事,亦知歆动羡慕,当时亦说我要与他一样。不过几日几时,此念就不知如何消歇去了,此是尔志不坚,还由不能立志之故。如果一心向上,有何事业不能做成?"①

左宗棠在家书中就家庭关系的处理也提出了看法:"家庭之间,以和顺为贵。严急烦细者,肃杀之气,非长养气也。和而有节,顺而不失其贞,其庶乎!"② 另外,就如何处理夫妻关系,谈到"妃匹之际,爱之如兄弟,而敬之如宾,联之以情,接之以礼,长久之道也。始之以狎昵者其末必暌,待之以傲慢者其交不固。知义与顺之理,得肃与雍之意。室家之福永矣"③。

家书中还可见左宗棠忧国忧民之心:"我一书生,蒙朝廷特达之知,擢任巡抚,危疆重寄,义无可诿,惟有尽瘁图之,以求无负。其济则国家之幸,苍生之福,不济则一身当之而已,尔等读书作人,能立志向上,思乃父之苦,体乃父之心,日慎一日,不至流于不肖,则我无负牵挂矣。"④ 以自己的亲

---

① 《左宗棠全集》,岳麓书社1986年版,第8页。
② 《左宗棠全集》,岳麓书社1986年版,第5页。
③ 《左宗棠全集》,岳麓书社1986年版,第6页。
④ 《左宗棠全集》,岳麓书社1986年版,第52页。

身经历来引导子侄关切国家命运，成为栋梁之材，勿流于轻浮。

左宗棠身居要职，十分重视名声，家书中反复告诫子弟不可胡作非为，染富贵子弟骄矜、纨绔恶习。如："以后事任益重，不知所为报。尔等在家切宜深自敛抑，不可稍染膏粱子弟恶习，以重我咎。"①"吾家积代寒素，至吾身而上膺国家重寄，忝窃至此，尝用为惧……尔曹学业未成，遽忝科目，人以世家子弟相待，规益之言少入于耳，易长矜夸之气，惧流俗纨绔之习将自此而开也。"②

左宗棠散俸禄，周济贫苦，不以肥家为念，意亦在培养后辈勤俭自立的品德。他在给儿子孝宽的信中说："吾积世寒素，近乃称巨室。虽屡申儆不可沾染仕宦积习，而家用日增，已有不能撙节之势。我廉金不以肥家，有余辄随手散去，尔辈宜早自为谋。"③希望孩子们能自立，不沾染仕宦子弟养尊处优的恶习。又说："子孙能学吾之耕读为业，务本为怀，吾心慰矣。若必谓功名事业、高官显爵无忝乃祖，此岂可期必之事，亦岂数见之事哉？或且以科名为门户计，为利禄计，则并耕读务本之素志而忘之，是谓不肖矣！"④"若任意花销，以豪华为体面；恣情流荡，以沉溺为欢娱，则吾多积金，尔曹但多积过，

---

① 《左宗棠全集》，岳麓书社1986年版，第44页。
② 《左宗棠全集》，岳麓书社1986年版，第93—94页。
③ 《左宗棠全集》，岳麓书社1986年版，第196页。
④ 《左宗棠全集》，岳麓书社1986年版，第197页。

所损不已大哉！"① 提醒子弟不必追求高官爵位，不必看重钱财，要学会务本，谨慎持家。

左氏《家书》流传较广，与曾国藩《家书》相媲美。罗继祖评价说："此书量才曾书三之一，所言与曾氏大同，不外诫子孙当守家范，励志读书缮性，而以满盈为深戒……恪靖教子弟矢志耕读，现其裔孙仍世继绳，能不失为湖南一世家，虽旧业荡尽，而家风未尽凌替，诒谋可谓远矣。"②

五、中原、燕赵地区家训

中原主要指今河南，是中华文化的发祥地，自周秦至北宋，中原文化久盛不衰。汉魏文章、三唐之诗，中州居半。北宋以程颢、程颐为代表的洛学，为理学大宗。燕赵主要指今河北，近邻中原，文化亦盛，董仲舒、郦道元、孙奇逢、颜元、张之洞等都是中华文化史上产生重要影响的人物。董仲舒提倡罢黜百家，独尊儒术。孙奇逢夏峰北学与刘宗周蕺山南学并称。颜元为颜李学派代表人物，提倡躬行实践，是清初实学的集大成者。

中原文化气质厚重，燕赵文化气质刚健，中原、燕赵家训作为北方家训的主流，也体现了地域文化的特点。其代表作者和著作有唐范质《范鲁公戒从子诗》，宋若莘《女论语》，元王结《善俗要义》，明曹端《家规辑略》、崔汲《家闲》、杨继

---

① 《左宗棠全集》，岳麓书社1986年版，第184页。
② 罗继祖：《枫窗三录》，大连出版社2000年版，第245页。

盛《家训》、王祖嫡《家庭庸言》、吕得胜《小儿语》、吕坤《续小儿语》《闺范》、彭端吾《彭氏家训》、史可法《家书》，清申涵光《荆园小语》、孙奇逢《孝友堂家规》、窦克勤《寻乐堂家规》、张师载《课子随笔》等。以下以曹端、吕坤、申涵光为例略观之。

(一) 曹端《家规辑略》

曹端（1376—1434年），字正夫，号月川，河南渑池（今河南三门峡）人，世称月川先生。其天资颖异，早博览群书，构一书室，名曰"勤苦斋"。明永乐六年（1408年），中河南乡试。第二年，以会试副榜授山西霍州学正，从此步入仕途。政事之余，潜心理学，研讨程朱及张载之说。《明史·曹端传》称其"学务躬行实践，而以静存为要"。曹端推崇《郑氏义门家法》，录其主要内容，参以己见，撰成《家规辑略》。《自序》说："国有国法，家有家法，人事之常也。治国无法，则不能治其国；治家无法，则不能治其家。譬则为方圆者，不可无规矩；为平直者，不可以无准绳。是故善治国家、善治家者，必先立法，以垂其后。自今观之，江南第一家义门郑氏……以其贤祖宗立法之严，贤子孙守法之谨而致然也。其法一百六十有八则，端悉录而宝之。今姑择其切要者九十有四则，因其类聚群分，定为一十四篇，名曰《家规辑略》，敬奉严君，祈令子孙习读而世世守行之。期底于郑氏之美，而又妄述十余则，以附其后，虽不能如郑氏之家规妙合圣贤之心法，扶世道、正人心、敦教化、厚风俗、上以光其先，下以裕其后，亦庶乎治家垂训之一小补云。"①

全书共一百六十六条，录自《郑氏规范》九十四条，真德秀《训子斋规》八条，自撰六十四条。分为祠堂、家长、宗子、诸子、诸妇、男女、旦朔、劝戒、习学、冠笄、婚姻、丧礼、推仁、治蚕等十四篇，规定家人生活中所应当遵守的礼仪规范。《祠堂》篇记载各种生活礼仪，如："祠堂之设，所以尽报本反始尊祖敬宗之意，实有家名分之守，开业传世之本也，常须修理完固，洒扫清静，严加锁闭，非参谒毋擅开入，尤不许将一应闲杂器物于内寄放，及令头畜窜入，俱属亵渎，违者不孝。"②

《家长》篇强调家长以身作则的重要性："古人治家之道，惟以身教为先。为家长者，必先躬行仁义，谨守礼法，以率其下。其下有不从化者，不可遽生暴怒，恐伤和气，但当反躬自责。"③认为家长作为家庭的主心骨，自身必须从言行举止上完善自己。当然，家长也要确立威仪："父母者，家人之严君也，切宜正其衣冠，尊其瞻视，使俨然，人望而畏之。其下，皆须严恭祇奉，听于无声，视于无形，使闺门之内有公府之严，方为礼法之家。"④

《诸子》篇教育子孙如何行事。如尊卑长幼不可违背："卑幼不可抵抗尊长。一日之长皆是。其有出言不逊、制行悖

---

① 《曹端集》，中华书局2003年版，第181页。
② 《曹端集》，中华书局2003年版，第183页。
③ 《曹端集》，中华书局2003年版，第186页。
④ 《曹端集》，中华书局2003年版，第185页。

戾者，姑诲之。诲之不悛者，则重棰之。"① "幼者必后于长者，言语亦必有伦。应对宾客，不得杂以俚俗方言。"② 告诫子孙不可酗酒："子孙年未三十者，酒不许入唇；壮者，惟许少饮，亦不宜沉酗杯酌，喧呶鼓舞，不顾尊长。违者，箠之。"③ 教导子孙尊敬父母："父母者，子之天地也。子若欺瞒父母，即欺瞒其天地。亵慢其父母，即亵慢其天地。人而欺瞒、亵慢天地，莫大之罪也。"④ 教导子妇侍奉公婆："子妇无事，则侍于父母舅姑之所，容貌必恭，衣冠必整，言语必温，应对必慎，出入起居必谨。扶卫之，不可涕唾、喧呼、戏谑、嘻笑，必父母舅姑命之坐则坐，命之退则退。违者，不孝。"⑤

《习学》篇谈论子孙读书教育的问题。与众多家规家训一样，谈论子孙教育，不仅有知识的学习，还有道德之规范。如："子孙为学，须以孝义切切为务，若一向偏滞词章，深所不取，此实守家第一事，不可不慎。"⑥ "学礼，凡为人，要识道理，识理法，在家庭事父母，入书院事先生，并要恭敬顺从，遵依教诲，与之言则应，教之事则行，毋得怠惰自任己意。"⑦ "当以圣贤正道自期，不可流于异端"，"须将圣经贤传字字句句于心上理会，务要体之于身，见之于行，不可只做一

---

① 《曹端集》，中华书局2003年版，第197页。
② 《曹端集》，中华书局2003年版，第188页。
③ 《曹端集》，中华书局2003年版，第189页。
④ 《曹端集》，中华书局2003年版，第191页。
⑤ 《曹端集》，中华书局2003年版，第191页。
⑥ 《曹端集》，中华书局2003年版，第201页。
⑦ 《曹端集》，中华书局2003年版，第202页。

场话说。"①

(二) 吕坤《续小儿语》

吕坤（1536—1618年），字叔简，号新吾，又号近溪隐君、抱独居士，归德宁陵（今河南宁陵）人。万历二年（1574年）进士，初为襄垣知县，累迁刑部左侍郎，卒赠刑部尚书。通经史，学综百家。父吕得胜著《小儿语》教育童蒙，吕坤继编《续小儿语》《演小儿语》，又著《四礼翼》《闺范》《闺戒》等。《四礼翼》是对日常用礼的规范性讲述，《闺范》《闺戒》涉及女子教化。以下简略介绍《续小儿语》：

一是做人要慈。吕坤说："心要慈悲。事要方便。残忍刻薄。惹人恨怨。"即从小要具备善良之心，对人少些刻薄，多些宽容。"别人情性，与我一般。时时体悉，件件从宽。""待人要丰，自奉要约。责己要厚，责人要薄。"② 即要学会体谅他人，不要一味以己度人，如此才懂得体恤和宽容他人。

二是养成孝敬长辈的观念。他说："要知亲恩，看你儿郎。（你看儿郎何如，便知亲看你何如）要求子顺，先孝爷娘。（你不孝顺父母，你儿照你样行）"

三是不贪财好利，懂得吃亏是福的道理。他说："贪财之人，至死不止。不义得来，付与败子，都要便宜，我得人不。亏人是祸，亏己是福。"人一旦为利欲束缚，一生追逐不得停息，贪财好利之人往往为求利而丧失仁义。所以，他说平日要

---

① 《曹端集》，中华书局2003年版，第203页。
② 吕坤：《续小儿语》，《艺海珠尘丛书》刻本。

学会吃亏，于己于人都有裨益。又强调说，要做君子好人："君子名利两得，小人名利两失。试看往古来今，惟有好人便益。"

四是养成大气魄。吕坤认为男子当从小养成大气魄，志存高远。他说："男儿事业，经纶天下，识见要高，规模要大。"识见气魄的养成，离不开知识的熏陶，故鼓励读圣贤书："读圣贤书，字字体验。口耳之学，梦中吃饭。"养成大气魄，始可成大器："意念深沉，言词安定，艰大独当，声色不动"，"有识有度，方是大器"。

五是戒狂躁褊急。吕坤指出在具体行事中，要"冷眼观人，冷耳听语，冷情当感，冷心思理"。"冷"是理性看待问题，不急躁，不盲目无主。又说："怒多横语，喜多狂言，一时褊急，过后羞惭。"认为种种不冷静的表现所带来的只会是过错与悔恨。

六是懂得约束。吕坤指出学习圣贤，有三方面必须懂得约束："一要降伏私欲，二要调驯气质，三要跳脱习俗。"克制私欲，通过平日修行来提升自我气质，同时学会克服不良习气，如此才会渐进圣贤气象，有所成就。

吕坤希望子弟从小以圣贤为楷模，砥砺德行。在他看来，学习知识并非人生的全部，立德才是根本，圣贤之教、大人之学培养出的应是君子，是具有儒家气魄的士大夫，而非平庸凡俗之人。

（三）申涵光《荆园小语》

申涵光（1620—1677 年），字和孟，一字孚孟，号凫萌，又号聪山,河北永年（今河北邯郸）人。其父在李自成入北京时被杀。申涵光在清兵入关后,绝意仕进,力耕奉母,照顾两个弟弟。清廷屡次征召,皆辞不就。在经史、诗文等方面,其都有一定的造诣。

《荆园小语》是申涵光对其人生经验的总结。《自序》说父亲死后,两个弟弟年幼无知,只让他们闭门读书不问世事。但是随着他们日渐长大,不能要求他们一概废除交往应酬,由此产生了恩怨是非。所以平时将人生体会记录下来,以勉励和告诫两个弟弟完善自我修养,避免一些人生错误。

《荆园小语》强调了读书的重要性,谓"读书即是立德",读书是为了求道,"贫贱时,累心少,宜学道;富贵时,施予易,宜济人。若夫贫贱而存济人之心,富贵而坚学道之志,尤加人一等"。又说读书要有选择地读,如"古书自《六经》《通鉴》《性理》而外,如《左传》《国策》《离骚》《庄子》《史记》《汉书》,陶、杜、王、孟、高、岑诸诗,韩、柳、欧、苏诸集终身读之不尽,不必别求隐僻"。一些书在他看来是不值得读的,如天文术数之书,"习之本亦无益,不精则可笑,精则可危,甚且不精而冒精之名,致祸生意外者多矣"。至于小说,他更是嗤之以鼻,说《金瓶梅》为"诲淫之书","丧心败德"。关于读书方法,他提出:"每读一书,且将他藏过,读毕再换,用心始专。"

关于如何提高自身修养,申氏说:"人言果属有因,深自悔责。返躬无愧,听之而已。""责我以过,皆当虚心体察,不必论其人如何,局外之言,往往每中。……若指我之失,即浅学所论，亦常有理，不可忽也。"他觉得时刻反省很重要。另外，在日常生活中，细微之处的讲究也是必需的，如"借人书画，不可损污遗失，阅过即还""借书中有讹字，随以别纸记出，署本条下""邻有丧，家不可快饮高歌。对新丧人，不可剧谈大笑""赴酌勿太迟，众宾皆至而独候我，则厌者不独主人"。

关于与人交往，申氏认为要懂得辨别善恶忠奸、君子小人。如说："顺吾意而言者，小人也，急远之。""远方来历不明、假托为术士、山人辈，往往大奸窜伏其中，勿与交往。""谀人而使人不觉者，此奸之尤者，所当急远。""小人当远之于始，一饮一啄，不可与作缘。"又谓与人相处，要严以律己，宽以待人。他说："将欲论人短长，先顾自己何苦。""责人无已，而每事自宽，是以圣贤望人而愚不肖也，弗思而已。""勿以人负我而躗为善之心。"如何择友？申氏说，"不孝不弟人，不可与为友"，即不孝敬父母、不尊敬兄长的人不可相交；"志不同者不必强合"，即不与志向不合的人交往；"平时强项好直言者，即患难时不肯负我之人。软熟一辈，掉臂背之，或且下石焉"，即不交软熟之人；"交游太广，不止无益，往往多生是非。古人云：有一人知可以不恨。以明知己之难也"，即不必广求交友，重在知己。

另外，他告诫说不要贪求名利，"若丧心以求利，人人恶之，是自绝生路矣"，学会"嗜欲正浓时，能斩断；怒气正盛时，能按纳，此皆学问得力处"。不丧失本心，不堕俗利，则心将净，远去烦扰，按他的话说，就是"居心不净，动辄疑人，人自无心，我徒烦扰"。又谓："经一番挫折，长一番见识；多一分享用，减一分志气。""常有不快事，是好消息。若事事称心，即有大不称心事在其后。知此理，可免怨尤。"指出人生免不了挫折，常有不快事，明理则可不必怨尤，历经磨炼，始可养成气质德性。

六、八闽、岭南地区家训

八闽主要指今福建。自宋至清，福建大抵保持八府建制，故有"八闽"之称。岭南谓五岭以南，主要包括广东、广西。唐代以后，八闽、岭南文化始兴，南宋以后趋于繁盛。八闽、岭南家训亦是如此。南宋方昕《集事诗鉴》、真德秀《真西山先生教子斋规》、郑至道《琴堂谕俗编》、明林希元《家训》、郭应聘《家训》、李廷机《李文节公家礼》、苏士潜《苏氏家语》、黄佐《泰泉乡礼》等为其代表作，多崇尚理学儒者所撰。八闽、岭南地区今存南宋以后宗谱亦富，八闽尤多，宗谱家训虽未如吴越之盛，但远超中原、燕赵等地域。

（一）苏象先《丞相魏公谭训》

苏象先为北宋魏国公苏颂之长孙，福建同安（今福建厦门）人，元祐六年（1091年）进士，官左朝请大夫。该书名《苏魏公谈训》或《魏公谭训》《苏氏谈训》，乃苏象先追述祖父苏颂生平言行事迹及教诲之言所撰。苏颂学识渊博，精通经史百家、天文医卜，《丞相魏公谭训》称其"上而治国宜家，下而饮食起居，巨细不遗，动静悉载，皆足为后人法守"。苏象先生前未完稿，其孙苏玭修订完成是书。共分十卷，涉及国论、国政、家世、家学、家训、行己、文学、诗什、前言、政事、亲族、外姻、师友、知人、善言、鉴裁、游从、荐举、恬淡、器玩、饮膳、道释、神祠、疾医、卜相、杂事等内容。

《谭训》记载苏颂仕宦的言论，如："吾平生未尝以私事干人，至于陛立奏对，惟义理之言，故历事四朝，中间虽迁谪，不愧于观过矣。"① "舒信道元丰中为御史中丞，锐于进取，言事多涉刻薄，为王和甫所绳除名。绍圣中，复通直郎知无为军，或言其罪深，不当叙复，改监中岳庙。祖父闻之曰：士大夫立朝当言路，一涉非义失人心，则终躬遂废。如王君觊未三十，为御史中丞，缘进奏院事，终躬轗轲，不复大用，陷于刻薄，可不慎哉！"② 苏颂为官持守原则，不做非义之事，不为刻薄之事，足可垂范。

书中所记苏颂教育子孙的言传身教甚多，如勉励勤学："人生在勤，勤则不匮。户枢不蠹，流水不腐，此其理也。"③ 崇尚节俭："祖父生平喜饮茶而不喜饮酒，家庭燕集不过三杯至五杯，燕客不过七杯至十杯。丰俭得中，士人以为法。"④ "祖父生平节俭，尤爱惜楮墨，未尝妄废寸纸。每剪碎纸为签

---

① 苏象先：《丞相魏公谭训》，《全宋笔记》第三编，第三册，大象出版社2008年版，第44页。
② 苏象先：《丞相魏公谭训》，《全宋笔记》第三编，第三册，大象出版社2008年版，第59页。
③ 苏象先：《丞相魏公谭训》，《全宋笔记》第三编，第三册，大象出版社2008年版，第82页。
④ 苏象先：《丞相魏公谭训》，《全宋笔记》第三编，第三册，大象出版社2008年版，第86页。

头，稍大者抄故事，令子孙辈写录。"① "食不贵丰而贵洁，味不贵厚而贵和。"② 这些都发人深思。

(二) 黄佐《泰泉乡礼》

黄佐（1490—1566年），字才伯，号泰泉，广州香山（今广东香山）人。正德十五年（1520年）进士，官至少詹事。《泰泉乡礼》是黄佐嘉靖九年（1530年）自广西提学佥事乞休家居时所著，目的是为了教化乡民。他十分重视地方民众的教化，认为士大夫应具有推行儒家德行伦理的重任，"凡乡礼纲领，在士大夫表率宗族乡人，申明四礼而力行之，以赞成有司教化"③。此书的编纂，参考了《吕氏乡约》《朱子家礼》《陆氏家制》《义门郑氏规范》等书，内容以赞化风俗为主。何巘的《泰泉乡礼序》说："敬身明伦，讲信修睦，主乡约以励规劝，而谨乡校，设社仓，则豫教与养；秩里社，联保甲，则重祀与戎。身心既淑，礼乐备举，凡以约其情而治之，使乡之人习而行焉，善俗其有几乎！此公之志也。"《四库提要》说："佐之学虽恪守程朱，然不以聚徒讲学名，故所论述，多切实际。"

此书共七卷，第一卷讲乡礼，第二卷讲乡约，第三卷讲乡校，第四卷讲社仓，第五卷讲乡社，第六卷讲保甲，第七卷讲士相见礼、投壶、乡射礼等。首卷以乡礼为纲领，认为士大夫

---

① 苏象先：《丞相魏公谭训》，《全宋笔记》第三编，第三册，大象出版社2008年版，第57页。

② 苏象先：《丞相魏公谭训》，《全宋笔记》第三编，第三册，大象出版社2008年版，第86页。

③ 黄佐：《泰泉乡礼》，《文渊阁四库全书》本。

在乡礼的推行中具有表率和引导作用。黄氏将乡礼概括为三个方面：一曰立教，二曰明伦，三曰敬身。

立教指小学之教、大学之教、乡里之教。小学之教主要针对儿童教育，如"或延师家塾，教以正容体，齐颜色，顺辞令"，是老师对儿童的教育；"必先孝弟，内事父母，外事师长，侍立终日，不命之坐，不敢坐"，则是儿童日常行为规范。大学之教，针对十五岁以上少年，希望通过学校"教以言行相顾，收其放心，以学颜子之所学。言温而气和，于怒时遽忘其怒，而观理之是非，则怒渐可以至于不迁。过而能悔，又不惮改，则过渐可以至于不贰"。

乡里之教，针对闾里之人，谓："与闾里之人相约而告谕之曰：凡我乡人，父慈子孝，兄友弟恭，夫和妇顺。毋以妾为妻，毋以下犯上，毋以强凌弱，毋以富欺贫，毋以小忿而害大义，毋以新怨而伤旧恩。善相劝勉，恶相规戒，患难相恤，婚丧相助，出入相友，疾病相扶持。小心以奉官法，勤谨以办粮役。毋学赌博，毋好争讼，毋藏奸恶，毋幸人灾，毋扬人短，毋责人不备。事从俭朴，毋奢靡以败俗，毋论财而失婚期，毋居丧而设酒肉，毋溺风水而久停柩，毋信妖巫、作佛事而忍心火化。仍各用心修立社学，教子弟以孝弟忠信之行，使毋流于恶。所有乡约四礼条件，各宜遵守。其有阻挠不行者，许教读呈官问究。"大意是通过立教以改善乡里人心风俗，规范乡民的道德行为。

《泰泉乡礼》阐明冠、婚、丧、祭礼等具体礼仪。每一礼仪程序都有简洁的规范，基本依照前人仪礼制度，较为实用。

143

如规定:"凡昏礼,不得用乐。贺昏非礼,宜更贺为助,礼物随宜。""凡葬,依《家礼》,用灰隔,不必用椁。棺内毋得用金银钱帛。"

第二卷讲乡约,既有道德上的互助,又有生活上的患难相恤,还有尊卑长幼的礼仪规范。在个人道德行为方面,黄氏总结五条不修之过,也就是所谓乖离社会伦理的方面,如"动作无仪,谓进退太疏野及不恭者,不当言而言及当言而不言者,衣冠太华饰及全不完整者,不衣冠而入街市者""用度不节,谓不计家之有无过为侈费者,不能安贫而非道营求者",规约日常行为、取用节度等,目的在于教育乡民趋善去恶,美化风俗。

为了更好地进行乡民教育,他强调乡校建设,谓:"凡在城四隅大馆统各社学,以施乡校之教。子弟年八岁至十有四者,皆入学。约正、约副书为一籍。父兄纵容不肯送学者有罚。有司每考送儒学肄业,非由社学者不与。凡在城坊厢、在乡屯堡,每一社立一社学,俱设于间巷民居聚处,不必拘定道里,须择宽大地基建之。"具体教育内容也有明确规定:"施教以六行、六事、六艺,而日敬敷之,一曰早学,二曰午学,三曰晚学。""六行",一曰孝,二曰悌,三曰谨,四曰信,五曰爱众,六曰亲仁。"六事",一曰洒,二曰扫,三曰应,四曰对,五曰进,六曰退。"六艺",一曰礼,二曰乐,三曰射,四曰御,五曰书,六曰数。至于早学、午学、晚学,也有非常具体的规定。如:"年小者,只教一二句而止,勿强其多记。或用《孝经》《三字经》,不许先用《千字文》《百家姓》《幼学诗》《神童酒诗》《吏家文移》等书。依次读《大学》《中庸》

《论语》《孟子》，然后治经。句读少差，必一一正之。"关于晚学，则说："先生坐观其容体恭敬舒迟者赏之，鄙倍者责而教之。如有善拜揖者，免习。仍教以子事父母礼，如定省之类。习礼毕，各就位温习早学所读书。自后五日一次，教以朱子《小学》及《日记故事》内古人嘉言善行一段，如黄香扇枕、陆绩怀橘之类，直白说之，令其静默谛听。"

此书还有关于社仓、保甲等地方性组织的介绍，从多方面反映了古代士大夫教化地方社会的思考和意图。

七、关中、巴蜀地区家训

关中主要指陕西。关中在汉唐为国家政治中心，文化繁荣。宋代张载创立关学，提出"为天地立心，为生民立命，为往圣继绝学，为万世开太平"的关学宗旨。其后诸如吕氏四兄弟（吕大临、吕大忠、吕大防、吕大钧）进一步发展了关学。历经金元，关学日趋衰落，至明代又涌现一大批理学家，遂得中兴。吕柟、冯从吾为一时大儒，门生遍及关中和东南地区。清初，李因笃、李柏和李颙继承关学传统。关中地区家训名作不乏，班昭的《女诫》为女训代表，李世民的《帝范》为帝训代表，士大夫所作家训如杨爵的《杨爵家书》、吕大钧的《吕氏乡约》也闻名于世。

（一）班昭《女诫》

班昭（约49—约120年）是东汉著名的文学家、史学家。其父为东汉著名的史学者班彪，长兄为《汉书》作者班固，次兄为名将班超。她自幼跟随父兄，博读诗书，是有名的才女。十四岁嫁同郡曹世叔为妻，不幸夫君早亡。此后未曾改嫁，悉心教育子女，并完成班固未竟之业——《汉书》。其多次被汉和帝召入宫中，担任皇后及妃嫔们的老师，史称"曹大家"。班昭五十多岁得了重病，担心要出嫁的女儿不了解为妇之礼，有失宗族颜面，作《女诫》七章进行教导，要求她们每人抄写一遍，以规范自己的言行。全书包括《卑弱》《夫妇》《敬慎》《妇行》《专心》《曲从》《叔妹》等七篇，宣扬夫为妻纲，被奉为女子修身的必读书。

班昭提出妇女所应具备的四行，即妇德、妇言、妇容、妇功，后人称之四德。班昭对四行分别进行了阐释，要求平时生活中仪态端正，有礼有节；心地善良，不必才辩美巧过人。妇言规范女子言语，包括说话要懂礼貌，不言恶毒之语等。妇容规范女子妆容修饰，不必艳丽，只要衣服干净整洁，保持身体头发的卫生就可以了。妇功规范女子在家庭中所应承担的任务，如招待宾客、从事纺织等，都是强调女子必须具备的家庭仪礼或技能。

《专心》篇告诫子女在婚姻家庭生活中做符合礼节的事情，不可违背社会伦理。她说："礼义居洁，耳无涂听，目无邪视，出无冶容，入无废饰，无聚会群辈，无看视门户，此则谓专心正色矣。若夫动静轻脱，视听陕输，入则乱发坏形，出则窈窕作态，说所不当道，观所不当视，此谓不能专心正色矣。"[①]

---

① 班昭：《女诫》，《中国历代家训集成》，浙江古籍出版社2017年版，第5页。

即要求女子在生活中不可道听途说，不可与他人聚会，不要向外随意张望，在家打扮干净整洁，在外不可穿着过于艳丽，不可随意乱说，非礼勿视。

《曲从》篇讲明婆媳关系，谓女子出嫁后不仅要顺从丈夫，更要曲从公婆："姑云不尔而是，固宜从令；姑云尔而非，犹宜顺命。勿得违戾是非，争分曲直。"① 当然，这种规定今人看来不尽合理，但在古代男尊女卑的观念下，不仅可以维持家庭关系的和谐，也不违背传统的道德伦理。

《叔妹》篇提出团结叔妹的要求。叔妹指丈夫的妹妹，即小姑。谓："妇人之得意于夫主，由舅姑之爱己也；舅姑之爱己，由叔妹之誉己也。"是说妇女如果处理好与叔妹的关系，很大程度上就能处理好婆媳关系，因为叔妹会在家人面前称道自己。相反，愚蠢之妇以嫂自居，有矜尊高大之心，对叔妹则骄盈傲慢，从而造成嫂子与叔妹关系的不和，这样会使自己蒙羞，也会使父母遭受羞辱，所以她说："斯乃荣辱之本，而显否之基也。可不慎哉！"② 班昭认为在与叔妹的交往中，要懂得谦逊，这样才会相互和睦。

班昭《女诫》在中国家训史上具有重要的地位，所提出的一些妇德规范与准则，目的是使妻从夫、儿媳从公婆、嫂子谦顺叔妹，从而达到婚姻巩固、家庭和睦。其中不免以牺牲女

---

① 班昭：《女诫》，《中国历代家训集成》，浙江古籍出版社2017年版，第6页。
② 班昭：《女诫》，《中国历代家训集成》，浙江古籍出版社2017年版，第6页。

性独立人格为代价，不符合现代潮流。但一些方面，如对女子身心言行进行教育，行己有耻、不道恶语等，都值得今人借鉴。

(二) 吕大钧《吕氏乡约》《乡仪》

吕大钧（1029—1080年），字和叔，陕西蓝田人。嘉祐二年（1057年）进士，历任秦州右司理参军、监延州折博务、鄜延转运司副使等职。从学于张载，又学于程颢、程颐，与兄大忠、大防、弟大临相齐名，世称"四吕"。

《吕氏乡约》，吕大钧宋熙宁九年（1076年）在家乡蓝田制定。他认为乡贤不应独善其身，而应推己及人，敦化乡民风俗。《吕氏乡约》主要包括《德业相劝》《过失相规》《礼俗相交》《患难相恤》四大条规。

《德业相劝》阐明"德""业"，论"德"提出"见善必行，闻过必改"，"凡有一善为众所推者，皆书于籍，以为善行"，论"业"提出"居家则事父兄、教子弟、待妻妾，在外则事长上、接朋友、教后生、御僮仆"[1]。

《过失相规》将过失分作三类，分别是犯义之过，犯约之过，不修之过。犯义之过有六个方面：一曰酗博斗讼，即禁止吕氏族人酗酒、赌博、斗殴、有意告人罪恶；二曰行止逾违，即行为不合伦理规范，举止多端；三曰行不恭逊；四曰言不忠信，"为人谋事，陷人于不善，与人要约，退即背之，及诬妄

---

[1] 吕大临等：《蓝田吕氏遗著辑校》，中华书局1993年版，第563页。

第五章 传统家训与地域文化

百端皆是"①；五曰造言诬毁，"诬人过恶，以无为有，以小为大，面是背非"；六曰营私太甚。犯约之过包括四个方面：即德业不相规，过失不相亲，礼俗不相成，患难不相恤。不修之过有五个方面：一曰交非其人，二曰游戏怠惰，三曰动作无仪，四曰临事不恪，五曰用度不节。吕氏说："已上不修之过，每犯皆书于籍，三犯则行罚。"若有不修之过，就会书于簿籍，犯三次则当遭受惩罚。

《礼俗相交》是关于婚丧、祭祀、交往等方面的礼节规定。如："凡遇庆吊，每家只家长一人与同约者皆往，其书问亦如之。若家长有故，或与所庆吊者不相识，则其次者当之。所助之事，所遗之物，亦临时聚议，各量其力，裁定名物及多少之数。若契分浅深不同，则各从其情之厚薄。"②

《患难相恤》总结了患难之事为七种类型，包括水火、盗贼、疾病、死丧、孤弱、诬枉、贫乏。家族如有人遭遇患难，其他族人应提供帮助。又提出相恤的一些原则，如："凡同约者，财物、器用、车马、人仆、皆有无相假。""可借而不借，及逾期不还，及损坏借物者，皆有罚。""凡有患难，虽非同约，其所知者，亦当救恤。"③ 书中还规定了惩罚的各种办法，如："犯义之过，其罚五百。不修之过及犯约之过，其罚一百。凡轻过，规之而听及能自举者，止书于籍，皆免罚，若再犯者

---

① 吕大临等：《蓝田吕氏遗著辑校》，中华书局1993年版，第564页。
② 吕大临等：《蓝田吕氏遗著辑校》，中华书局1993年版，第565页。
③ 吕大临等：《蓝田吕氏遗著辑校》，中华书局1993年版，第566页。

不免。其规之不听，听而复为，及过之大者，皆即罚之。其不义已甚，非士论所容者，及累犯重罚而不悛者，时聚众议，若决不可容，则皆绝之。"①

《吕氏乡约》末附《乡仪》，包括宾仪、吉仪、嘉仪、凶仪四部分，是为贯彻《乡约》中《礼俗相交》条款所制。吕氏说："凡行婚姻丧葬祭祀之礼，《礼经》具载，亦当讲求。如未能遽行，且从家传旧仪，甚不经者，当渐去之。"②

《吕氏乡约》虽名为乡约，实际上是吕氏家族的家法、族规。后来朱熹撰《增损吕氏乡约》，一方面将《乡约》《乡仪》合并，对《乡仪》内容进行删减，并取消《乡约》原来的惩罚措施，改为劝导的方式。

总之，从全国现存家规家训文献来看，南方地区尤其吴越家规家训众多，而北方地区整体来说数量少很多。不仅如此，一般来说，南方家训内容较复杂，北方家训较为简洁，这也是家训地域化的一个特征。

---

① 吕大临等：《蓝田吕氏遗著辑校》，中华书局1993年版，第566—567页。

② 吕大临等：《蓝田吕氏遗著辑校》，中华书局1993年版，第563—567页。

第六章
传统家训分类举隅

中华民族历来重视对后代的教育，古往今来，无数帝王将相、达官显贵、文人雅士、名门望族往往都有教子、治家的文字流传于世，形成了汗牛充栋的传统家训宝库，其中蕴含的中国传统文化固有的仁义礼智、忠孝节义、礼义廉耻、修齐治平等思想与美德也被一代一代后世子孙继承传诵。

传统家训历史悠久，数量众多，面貌各异，为了更好地把握传统家训的全貌，在介绍了中华传统家训的发展历程与地域特色之后，我们需要简单了解一下传统家训的种类。传统家训资源浩如烟海，要对之作一个清晰准确、一目了然的划分是相对比较困难的。这里尝试从几个不同的角度和方面来进行类分，以便读者对传统家训有更全面更深入了解。

从创作主体的社会身份来划分，传统家训大致可分为文士家训、帝后家训、名臣家训、儒林家训、望族家训、宗谱家训、商贾家训等。当然，就其最根本的性质而言，可以说在中国古代，能够留下家训文字者，无论是"学而优则仕"，还是弃笔从戎、弃文从商，凡"作者"首先是文人。换言之，就最宽泛的意义而言，所有家训都是出自文人之手，都可以归入文士家训。但我们这里的"文士"取其狭义的界定，侧重指那些在历史上以诗文著述等文学成就著称，而不是以政治事功、学术思想或官职爵禄显赫的文人。他们有的从未入仕，有的即使入仕也官微职卑，有的虽然曾经官职甚高，但在历史和社会上仍以文学身份著称。文士家训的历史演变轨迹与传统家训的历史演变轨迹重合，其主要特点也与传统家训的主要特点吻合。

帝后家训指创作者以君王、皇帝或后妃身份创作的家训。名臣家训亦是中国古代家训中的一个重要类型，所谓"名臣"，指古代在政府中担任过较高职务，且品行端方，勋业事功为当时和后世所称道的人。儒林家训特指那些历史上以学术贡献著称的学者所作的家训，因为儒学是中国传统社会的主流意识形态，所以这里的"学术贡献"也特指在儒家学说发展过程中的贡献。治儒家学说者随儒家思想的发展与个人治学中心的不同往往有不同的称谓，如经学家、理学家等。

望族家训，指文化望族中人所作家训，大多出自望族中之名人或名人之子孙后辈之手。宗谱家训，谓历代宗谱中所附家训，这些家训是由家族子孙不断修订、增补而成，其祖上或曾为名人或大族，但其家族往往以平民居多。商贾家训，谓宋代以后随着社会经济的发展和商人地位提高之后出现的由商人或商业家族所作家训。

除按创作主体来类分外，传统家训还有多种分类标准：

第六章　传统家训分类举隅

　　按所针对对象，可分为以家庭成员为核心的家训和以社会大众为对象的家训，前者占家训的大多数，后者也不罕见，且往往是前者的扩充。如南宋袁采任乐清令时编定《俗训》，后更名《袁氏世范》。明代著名山人陈继儒的《安得长者言》，亦是一部具有劝谕训导性质的家训著作。

　　如按家训对象作更细的划分，还可以分成针对所有家庭或家族成员的家训、针对家庭或家族女性的女诫。对女诫的重视开始于汉代，班昭《女诫》、荀爽《女诫》、蔡邕《女训》是其代表。魏晋时期，则有魏程晓《女典篇》、西晋裴頠《女史箴》。当时社会动荡不安，女训并不突出。唐代少数民族遗风较重，社会生活相对富足，贵族妇女骄奢淫逸问题突出，女诫自然被提上日程。唐玄宗、德宗时莫陈邈之妻郑氏作《女孝经》、宋若莘作《女论语》，俱是对家庭或家族女性的训诫。宋元理学盛行，对女性要求严格，但很多家训中肯定女子应该读书，这样才能明理，而且对女性抱有一定程度的理解和同情。

　　到明清时期，女训大量涌现，从皇室到士大夫、民间均有女训作品。从创作者的角度来说，女诫的作者既有男性也有女性，前者如吕祖谦《闺范》、吕坤《闺范》，后者如班昭《女诫》；既有帝王后妃也有普通知识女性，前者如明仁孝皇后徐氏《内训》、章圣皇太后《女训》，后者如明温璜之母陆氏《温氏母训》、王相之母刘氏《女范捷录》、李晚芳《女学言行纂》等；也有男性搜集家族女性前辈的训诫而集成的作品，如清遵义黎氏教子之语由其子郑珍辑为《母教录》，郑珍之女教

153

子之语又由其子赵怡辑为《慈教碎语》。

　　以家训对象年龄来分，可以分成针对所有成员的家训和专门针对儿童的童蒙训。从周代开始就出现了蒙学教材，宋以后童蒙类著作数量繁多，内容广泛，如吕本中《童蒙训》、吕祖谦《少仪外传》、朱熹《童蒙须知》、真德秀《教子斋规》、吕坤《续小儿语》《演小儿语》等，都是专门针对儿童而写成的训诫。

　　按家训文献存在形式分类，可分为单篇家训和专著式的家训，亦可分为个人家训和总集式家训、丛书类家训。总集式家训如南宋刘清之的《戒子通录》，丛书类家训则如清代陈宏谋的《五种遗规》。

　　按家训所使用的文体，还可分成文训、诗训以及书信体家训，都各有佳作，如韩愈、陆游等人的训子诗，郑板桥、曾国藩等人的家书，都是历来传诵的名篇。

　　总之，从不同的标准出发，可以对传统家训作出不同的分类。以下分别对帝后家训、文士家训、名臣家训、儒林家训、望族家训、宗谱家训、商贾家训等，各作举例说明。

一、帝后家训

　　我国帝后家训源远流长，从五帝时代的禅让、文武周公的家训、《周易》提出君德观念，到刘邦令子读书习文、曹操诫子守法尚贤、南北朝诸帝训诫太子宗室，延绵数千年。但在唐代之前基本是单篇训诫之文，始终没有产生系统的、完整的帝后家训著作。至唐太宗李世民，始通观前代历史而以隋亡为戒，撰写了《帝范》一书，系统论述了身为君王应该如何修身、治家、理国、平天下的问题，对后世帝王家训产生了重大影响。到明清时期，明成祖朱棣仿《帝范》作《圣学新法》四卷，明仁孝皇后徐氏作《内训》，清圣祖康熙作《庭训格言》，在内容上更加全面细致，切于日常教化，将帝后家训推向顶峰。自汉武帝"罢黜百家，独尊儒术"，历朝均崇儒重学，最高统治者大力推崇儒学，即使一些出身少数民族的帝后亦是如此。如北魏文成帝拓跋濬的冯皇后作为太皇太后临朝听制，教育与指导孝文帝拓跋元宏采用汉制，改革鲜卑生活习惯，并作《劝戒歌》三百余章，又作《皇诰》十八篇，教诫孝文帝。孝文帝也特别重视家训，祖孙两人的家训大量引用典籍中的历史故事和伦理观念，以提高皇族文化与道德素质。康熙的《庭训格言》是我国帝后家训的集大成之作，下面以此为例对帝后家训进行介绍。

康熙帝对皇子的教育十分用心，有《庭训》《庭训格言》《圣谕十六条》等家训作品传世。《庭训格言》全书二百四十六则，每则之首皆有"训曰"字样，为雍正帝追记康熙帝平日对自己及诸兄弟训诫的语录体著作。内容包括为学修身之道、为君理政之道、处世养福之道、常识技艺之道等多个方面。雍正帝在《序》中说："提命谆详，巨细悉举，其大者如对越天祖之精诚，侍养两宫之纯孝，主敬存诚之奥义，任人敷政之宏猷，慎刑重谷之深仁，行师治河之上略，图书经史、礼乐文章之渊博，天象地舆、历律步算之精深，以及治内治外、养性养身、射御方药、诸家百氏之论说，莫不随时示训，遇事立言，字字切于身心，语语垂为模范。"①

其一，康熙帝重视为学修身之道。学习是修身、治国的基础，他认识到"学问者，百事之根本"，所以要求子弟勤勉读书。具体所读书籍包括四书五经，"夫多识前言往行，要在读书。天人之蕴奥在《易》，帝王之政事在《书》，性情之理在《诗》，节文之详在《礼》，圣人之褒贬在《春秋》"。又具体阐述读经史的重要性，告诫子弟不要观看小说等芜秽不经之书、浅陋之文。"尔等平日诵读及教子弟，惟以经史为要。夫吟诗作赋，虽文人之事，然熟读经史，自然次第能之。幼学断不可令看小说。小说之事，皆敷演而成，无实在之处。"康熙帝自己非常勤奋，因此要求皇子们也要刻苦读书。具体读书之法为：首先要从大处着眼，明确其大义所在，"读古人书，当审其大义之所在，所谓一以贯之也。若其字句之间，即古人亦互有异同，不必指摘辩驳，以自伸一偏之说"。同时重要的细节处也要详加寻绎，"朕自幼读书，间有一字未明，必加寻绎，务至明惬于心而后已。不特读书为然，治天下国家亦不外是也"。读书的目的是修身养性，"凡人养生之道，无过于圣贤所留之经书。故朕惟训汝等熟习五经四书性理，诚以其中凡存心、养性、立命之道，无以不具故也。看此等书，不胜于习各种杂学乎？"修身最重要的基础是治心，而"治心之要首在克己"，"暇时讲解《御批通鉴辑览》及《大学衍义》等书，以收格物意诚之效"。康熙帝列举自己克己的例子，说"凡人修

———————
① 爱新觉罗·玄烨：《庭训格言》，中州古籍出版社2010年版。

身治性，皆当谨于素日。朕于六月大暑之时，不用扇，不除冠，此皆平日不自放纵而能者也"。

其二，康熙帝重视为君理政之道。在边疆政务的管理上，主张以德服人、怀柔远人，这样才能边疆稳定，国家安定。他以苗人感念清廷之恩，不肯参与叛乱为例，来说明以德服人的重要性。"王师之平蜀也，大破逆贼王平藩于保宁，获苗人三千，皆释而归之。及进兵滇中，吴世璠穷蹙，遣苗人济师以拒我。苗不肯行，曰：'天朝活我恩德至厚，我安忍以兵刃相加遗耶？'夫苗之犷猂，不可以礼义驯束，宜若天性然者。一旦感恩怀德，不忍轻倍主上，有内地士民所未易能者，而苗顾能之，是可取之。子舆氏不云乎：'以力服人者，非心服也，力不赡也；以德服人者，中心悦而诚服也。'宁谓苗异乎人而不可以德服也耶？"此外，还要注重对边疆各族百姓的普遍教化，使之真心归顺，这样才能保持国家长治久安。"朕自登极以来，新满洲等各带其佐领，或合族来归顺者，太皇太后闻之，向朕曰：'此虽尔祖上所遗之福，亦由尔怀柔远人，教化普遍，方能令此辈倾心归顺也，岂可易视之？'"

在官员的管理上，康熙帝强调为政之要在于使人，而使人则要注意"宽严兼济""赏罚惟慎"。他说："为人上者，使令小人固不可过于严厉，而亦不可过于宽纵。如小过误，可以宽者即宽宥之；罪之不可宽者，彼时则惩责训导之，不可记恨。若当下不惩责，时常琐屑蹂践，则小人恐惧，无益事也。此亦使人之要，汝等留心记之！"除了宽严相济之外，还要"赏罚惟慎"，做到赏所当赏、罚所当罚。"国家赏罚治理之柄，自

157

上操之。是故转移人心，维持风化，善者知劝，恶者知惩"，"明乎赏罚之事，皆奉天而行，非操柄者所得私也。《韩非子》曰：'赏有功，罚有罪，而不失其当，乃能生功止过也。'"特别强调"爵赏刑罚，乃人君之政事，当公慎而不可忽者也"。强调要仁爱百姓，"盖深念民力惟艰，国储至重，祖宗相传家法，勤俭敦朴为风。古人有言：'以一人治天下，不以天下奉一人。'以此为训，不敢过也"，这样才能处理好政事。

其三，康熙帝关注处世养福之道。最重要的是要心存善念，"凡人存善念，天必绥之福禄，以善报之。今人日持念珠念佛，欲行善之故也。苟恶念不除，即持念珠，何益？"除去恶念的方法即保持敬畏之心，"人生于世，无论老少，虽一时一刻不可不存敬畏之心"，若存敬畏之心，"我等平日凡事能敬畏于长上，则不罪于朋侪，则不召过，且于养身亦大有益。尝见高年有寿者，平日俱极敬慎，即于饮食，亦不敢过度。平日居处尚且如是，遇事可知其慎重也"。康熙帝强调处世要"恒劳知逸，自强不息"，因为这样才是养福之道。"世人皆好逸而恶劳，朕心则谓人恒劳而知逸。若安于逸则不惟不知逸，而遇劳即不能堪矣。故《易》云：'天行健，君子以自强不息。'由是观之，圣人以劳为福，以逸为祸也。"

其四，康熙帝关注常识技艺之道。虽然贵为帝王，但其家训中却有很多日常生活常识的教导。如在饮食方面，强调"食宜淡薄，于身有益"。认为"饮食宜淡薄，每兼菜蔬，食之则少病，于身有益"；还要少饮酒，以免伤身。"大抵嗜酒则心志为其所乱而昏昧，或至疾病，实非有益于人之物。故夏先君以旨酒为深戒也。"日常生活中，下大雨时，为了安全，不能躲于树下；春夏不可令小儿坐于廊檐下。

康熙帝家训不仅从为学、为政等大处教育子弟，还告诫要注意的生活琐事。应该说，雍正帝能编订康熙帝训诫之言为《庭训格言》，足以说明康熙帝王家教是成功的。

二、文士家训

文士家训兴起于魏晋六朝，绵延至唐宋，而鼎盛于明清，是中国传统家训的主体，其历史演变轨迹正与中国传统家训的历史演变轨迹相重合，其主要特点也与中国传统家训的主要特点相吻合。

文士家训出自文人之手，家训之所以为家训，通常是出于教育家族子弟的实用目的而非为文学传播而撰述，所以往往比一般文学作品显得更加真实、诚恳，质朴无华，典型地体现了儒家修齐治平的思想观念与实际践履。在漫长的传统社会中，经过数千年创作、积累，文士家训资料浩如烟海，虽然一些亡佚了，但现在完整保存下来的也非常多，其思想内涵极为丰富，涉及传统社会中个人立身立业、为人处世的各个方面。这里以嵇康《家诫》、陆游《放翁家训》、方孝孺《宗仪》、陈继儒《安得长者言》为例，略作介绍。

（一）嵇康《家诫》

嵇康（224—263年）是魏晋名士，"竹林七贤"之一。去世时，子嵇绍年仅十岁。后来嵇绍成长为"最有忠正之情"的忠臣义士，不能不说是嵇康《家诫》起了很大的教育作用。

《家诫》现保存在《嵇中散集》中,① 鲁迅曾有校本。《家诫》全文约 1500 字,在魏晋六朝时期单篇家训中算是篇幅较长的。其中主要谈了两个方面的问题:一是立志,二是处世。

嵇康提出人必须立志:"人无志,非人也。"然而,立志不难,难的是始终不渝地坚持志向,所以嵇康强调立志首要慎重:"君子用心,所欲准行,自当量其善者,必拟议而后动。"而一旦立定,就应矢志不渝:"若志之所之,则口与心誓,守死无贰,耻躬不逮,期于必济。"坚持志向的过程是很艰难的,一旦遇到困难,人就很容易发生动摇:"或心疲体解,或牵于外物,或累于内欲,不堪近患,不忍小情,则议于去就。"而一旦考虑进退,就会产生二心:"议于去就,则二心交争;二心交争,则向所以见役之情胜矣。"结果就只能是"或有中道而废,或有不成一篑而败之"。在批评了立志不坚、守志不牢的危害后,嵇康接下来列举了一些志如金石的正面典型,勉励儿子学习和效法榜样:"若夫申胥之长吟,夷齐之全洁,展季之执信,苏武之守节,可谓固矣。"其所举申包胥、伯夷、叔齐、柳下惠、苏武等人,事迹虽各不同,但在坚持初心这一点上是相同的,都是"守志之盛者",值得嵇绍学习和效仿。

在立志、守志的前提下,嵇康教导儿子如何"秉志",即将所坚守的心志运用到为人处世上。为此提出了非常细致的要求,大体分三个方面:一是官场上应礼敬长官,同时保持一定的距离。二是立身清远,拒绝请托。三是慎言慎交。嵇康指

---

① 嵇康:《家诫》,《嵇中散集》,商务印书馆 1937 年版。

出，语言是人志向的表露："夫言语，君子之机，机动物应，且是非之形著矣，故不可不慎。"语言代表着君子的机谋权变，所以不可不慎。他不厌其烦地罗列生活中各种当慎言的情况，如对于自己"意不善了"的事情，不要随便发表意见；"俗人传吉迟传凶疾，又好议人之过阙"，碰到这种情况只要听听就可以了，不要随声附和，也不要发表意见；如果"人有相与变争，未知得失所在"，千万不要参与其中；有时候碰到"有小是不足是，小非不足非"的情况，更应该"不言以待之"，即使有人来问，也应该"辞以不解"；如果在酒席上遇到双方争论，要赶紧"舍去之"，如果还不走的话，"坐视必见曲直，倘不能不有言，有言必是在一人，其不是者方自谓直，则谓曲我者有私于彼，便怨恶之情生矣"。在酒席上争论不休的大多是小人，他们的争论往往漫无边际，缺乏标准，"虽胜何足称哉？"如果实在不能离席，那就"取醉为佳"，可以喝醉或装醉。如果对方非要我表明态度，也坚决不能说，这才能称得上是守志、有志。

除了慎言之外，在交游上也要谨慎：除知交亲友或熟悉的邻居之外，其他不要妄交。要远离荣华富贵的诱惑，缩减自己的欲求。与人交往时，如果看到别人"窃言私议"，就赶紧离开，以免遭人猜忌。交往过程中，相互之间有些礼物来往与馈赠，"此人道所通，不须逆也"。但礼物的价值应有一定的限度，超过正常的限度，则不能接受。

可以说，嵇康《家诫》是以"志"为核心的家教，人须立志，立志而后守志，立志须善，守志须坚，志存于心而形于

161

言，同时支配着人的立身、处世、待人、接物等各个方面。而贯穿嵇康《家诫》的精神则是一个"慎"字，不管是与上司的关系，还是平时的交游，不管是日常言谈，还是酒席征逐，嵇康都再三叮嘱谨之又谨，慎之又慎。这与嵇康本人的为人处世之道似乎判若两途，在著名的《与山巨源绝交书》中，他自我评价是"刚肠嫉恶，轻肆直言"。然而这样一个高傲的人，却在《家诫》中告诫儿子时时谨慎处处小心，显得世故而庸俗。这样矛盾的双重人格实际上隐含着嵇康深沉的痛苦。当时社会动荡而混乱，上层统治集团之间斗争尖锐复杂，儒家道德礼义甚至成为统治阶级争名夺利的一种手段。在这样险恶的政治形势下，嵇康既希望儿子能保持高尚的志节情操，不与世俗同流合污，又希望能够保全生命，免于灾祸，所以我们看到了《家诫》中那个谨慎小心、世故圆滑、苦口婆心、谆谆告诫的嵇康形象。

嵇绍字延祖，虽然年仅十岁就遭遇丧父之痛，却深受父亲家诫的影响。《晋书·嵇康传》附有嵇绍传记，说他晋惠帝时官至侍中，后来成都王司马颖作乱，王师大败，百官皆逃，嵇绍一人拼死护卫晋惠帝，血溅帝衣，最终遇害。历代文人出于不同的评价标准，对嵇绍有褒有贬，但对他这种舍生取义的精神是相当肯定的，称之"最有忠正之情"。宋末民族英雄文天祥在《正气歌》中唱道："天地有正气，杂然赋流形"，"在秦张良椎，在汉苏武节。为严将军头，为嵇侍中血。"将嵇绍与张良、苏武、严颜相提并论，视为中华民族浩然正气的体现，可谓碧血丹心，流芳千古。

（二）陆游《放翁家训》

陆游（1125—1210 年），字务观，号放翁，越州山阴（今浙江绍兴）人。陆游一生非常重视对子女的教育，先后写有二百多首教子诗，其中有些是脍炙人口的名篇，如《冬夜读书示子聿》："古人学问无遗力，少壮工夫老始成。纸上得来终觉浅，绝知此事要躬行。"《示子遹》："汝果欲学诗，工夫在诗外。"都是千古传诵的佳作。除了随时随处以诗的形式对孩子进行教导外，陆游还专门撰有家训之作，集中体现了他对后代子弟的期望与要求。

在《放翁家训自序》中，陆游怀着崇敬的心情追述了家族的历史：陆氏家族在唐代"为辅相者"就有六人，"廉直忠孝，世载令闻"；在唐末五代的动乱中，先人因为不愿意"事伪国，苟富贵，以辱先人"[①]，弃官而去，举家东迁，成为平民，但即使是作为平民百姓，仍然"孝悌行于家，忠信著于乡，家法凛然，久而弗改"；入宋以后，"百余年间，文儒继出，有公有卿"，重新成长为仕宦大族，即使贵为世家，依然保持着清廉俭朴的家风。陆游深情回忆了高祖陆轸"出入朝廷四十余年，终身未尝为越产"，祖父陆佃官至尚书左丞而"以啜羹食饼为泰"的自律、俭朴。陆游有感于世风渐有奢靡之弊，"旧俗方已大坏"，子弟"厌黎藿，慕膏粱，往往更以上世之事为讳，使不闻"，认为这种不良风气放纵下去的话，会有"陷于危辱之地，沦于市井，降于皂隶者"的危险，所以

[①] 陆游：《放翁家训》，《全宋笔记》，大象出版社 2016 年版。

著为家训,告诫子孙继承家族宦学相承、俭素清白的优良家风,发扬光大。《放翁家训》思想内容丰富,值得后人学习的地方很多,下面从三个方面作一介绍:

其一,去奢汰繁,节葬薄葬。陆氏虽代有显宦,却一向清廉俭朴,陆游指出"天下之事,常成于困约,而败于奢靡",他回忆自己的高祖陆轸在朝为官四十多年,不仅自己从来不额外置办产业,而且夫人去世的时候,"棺才漆",非常简薄。继承这样的家风,陆游在家训中对自己的身后之事作了非常详细的安排,其基本原则也是去奢汰繁,归之节俭。在佛事上,陆游反对"侈于道场斋施之事",极为反感那些在葬礼上"张设器具,吹击螺鼓",而丧者的家里人"辍哭泣而观之,僧徒炫技,几类俳优"的行为,认为这样的大操大办不过是"欲夸邻里为美观","常深疾其非礼",因而陆游说自己死后绝不允许后辈这么做:"汝辈方哀慕中,必不忍行吾所疾也",并把此作为"吾告汝等第一事也,此而不听,他可知矣",要求子弟们必须坚决遵行。针对当时社会上流行的丧葬必做佛事的风俗,陆游既批判了鬼神降福、地狱天宫等说法的荒诞无稽,也善解人意地指出"吾死之后,汝等必不能都不从俗",那么"遇当斋日,但请一二有行业僧诵《金刚》《法华》数卷,或《华严》一卷",就足够了。

其二,砥砺节操,耕读传家。陆游在家训的自序中,回顾了陆氏家族悠久光辉的历史,尤其注重对陆氏清白节操的表彰,并告诫子孙"挠节以求贵,市道以营利"是"吾家之所深耻"的,子孙一定要切戒切戒。陆游撰家训时,正值因支持抗战派将领张浚北伐而罢职在家，有感于宦海风波、仕途险恶，他一再告诫子孙要尽量淡泊名利，不必求高官显爵，如果出仕的话，必须懂得仕进之路的凶险："祸有不可避者，避之得祸弥甚。既不能隐而仕，小则谴斥，大则死，自是其分。若苟逃谴斥而奉承上官，则奉承之祸不止失官；苟逃死而丧失臣节，则失节之祸不止丧身"，宦海险恶，但既然不能隐居，而决定出仕，那么为了坚持自己的理想而遭到贬谪、罢斥甚至死亡，都是分内之事，绝不能因此而做出曲意奉迎或苟且偷生的事情来，因为鲜廉寡耻丧德失节的后果将比罢官或死亡更严重。如果"人自有懦而不能蹈祸难者，固不可强，惟当躬耕，绝仕进，则去祸自远"，只有躬耕田园、绝意仕进才能避祸自安，他为自己家族的未来设计了上中下三条出路："吾家本农也，复能为农，策之上也。杜门穷经，不应举，不求仕，策之中也。安于小官，不慕荣达，策之下也。舍此三者，则无策矣。"将复归农耕作为上策，而把做官作为下策。陆游同时也认为就算子孙务农为业，并不是说就不需要读书了，"子孙才分有限，无如之何，然不可不使读书"，要让家族"书种不绝"，越是聪明早慧的子孙越是要严加管束："后生才锐者最易坏，若有之，父兄当以为忧，不可以为喜也。切须常加简束"，这样才能培养出好子弟。

其三，饮食求饱，万物共生。陆游从"人与万物，同受一气，生天地间"的民胞物与情怀出发，结合陆氏家族长期以来的俭素家风，要求子弟"凡饮食但当取饱"，不要穷奢极欲，更不要为了口腹之欲而滥杀生灵。陆游要求："今欲除羊彘鸡

165

鹅之类，人畜以食者，姑以供庖"，除了猪羊鸡鹅这类本来就是人类畜养以备食用的以外，牛可以耕田，狗可以看家，虽然都是人类畜养的，但也不可食用，"其余川泳云飞之物，一切禁断"。平时饮食只要能吃饱就行，如果有客人，那"稍令清洁"也可以，但绝对不要学那些世俗之人夸示珍奇，以为炫耀。由饮食推及其他方面也是如此，见到别人的服饰玩物，也不能生贪求之心，要想到我若有此物，又有何用？他人羡慕，于我何用？这样多想想，自然就不会妄生贪欲了。

除此之外，陆游在家训中还要求子孙为善、向善，说"为善自是士人常事"，希望家族"后世将有善士，使世世有善士，过于富贵多矣"。又告诫子孙要谦恭待人："人士有与吾辈行同者，虽位有贵贱，交有厚薄，汝辈见之，当极恭逊己，虽官高亦当力请居其下，不然则避去可也。吾少时见士子有与其父之朋旧同席而剧谈大噱者，心切恶之，故不愿汝曹为之也。"尽量不与人争讼："诉讼一事，最当谨始，使官司公明可恃，尚不当为，况官司关节，更取货贿，或官司虽无心，而其人天资暗弱，为吏所使，亦何所不至？有是而后悔之，固无及矣。"

《放翁家训》作为一代爱国诗人陆游的教子书，与他的二百余首教子诗一起，共同构成了其家教的全貌。陆游子孙在春风化雨般的教导下，大都孝顺懂事，知书达礼，并成长为社会有用之才。尤其是长子陆子虡，出仕淮西，清正廉洁，卓有政绩，离任时百姓挽留，州郡长官纷纷上表朝廷，赞颂他的政绩。陆游在《寄子虡》中感慨："人事不可料，邑民挽归棹。

郡牧部使者，交章闻之朝。增秩复使留，此事久寂寥。"① 认为这样让人开心的事情好久没听到了。幼子陆子聿也非常出色，与兄长才德相埒。小名叫德儿的孙子，即陆元用，聪明颖异，陆游在《示子虡》中高兴地写道："聿弟元知是难弟，德儿稍长岂常儿。"②

(三) 方孝孺《宗仪》

方孝孺（1357—1402年），字希直，又字希古，号逊志，宁海（今浙江宁海）人。从学于宋濂，宋濂视其为平生最得意弟子。洪武末荐擢汉中教授，辅蜀献王，献王赐其读书处名"正学"，学者因称正学先生。建文帝即位，召为翰林侍讲，迁侍讲学士，旋改文学博士，主修《太祖实录》。燕王朱棣攻入南京，因坚决拒绝起草即位诏书被杀，兼灭"十族"。方孝孺被誉为"天下读书种子"，生平著述丰富，然而由于死后书遭禁毁，大都亡佚，现仅存后人搜集整理的《逊志斋集》。其事迹见于《明史·方孝孺传》。

方孝孺出自宁海方氏，其先为唐代桐庐玄英处士方干，宋初迁至宁海缑城里。世敦儒术，家产不丰，但"世有积德蓄学，操行异乎恒人"，"不愧于人，见推于世"，③ 是一个礼义之家。祖父的纯朴厚重、父亲的廉洁刚正，都深深地熏陶与濡染着他。方孝孺自幼颖悟早熟，五岁读书，六岁写诗，九岁诵五经，十岁时每天读书盈寸。方孝孺是一个自我要求甚严的

---

① 《陆游全集校注》第四册，浙江教育出版社2011年版，第134页。
② 《陆游全集校注》第五册，浙江教育出版社2011年版，第430页。
③ 方孝孺：《宗仪》，《逊志斋集》，宁波出版社1996年版。

人，洪武三年（1370年）年仅十四岁时即作《幼仪杂箴》以自我砥砺。他认为："道之于事，无所不在"，而古人"自少至长，于其所在皆致谨焉"，他们"行跪揖拜，饮食言动，有其则；喜怒好恶，忧乐取予，有其度"，他们日常言行情绪都有一定的原则与标准，而且把这些原则与标准"或铭于盘盂，或书于绅笏"，以此提醒警示自己，以"养其心志，约其形体"，有这样详细、具体的规定，"其进于道也，岂不易哉？"而到了后代，"教无其法，学失其本"，"学者汩于名势之慕，利禄之诱，内无所养，外无所约"，学者被功名利禄所引诱，内既不能保养自己的道德，又缺少外在标准约束自己的行为，因而"成德者难矣"。正是有感于这一现状，方孝孺列出了一些他认为应该自我勉励的条目，"为箴揭之于左右，以改己阙"。这些条目一共二十则：坐、立、行、寝、揖、拜、食、饮、言、动、笑、喜、怒、忧、好、恶、取、与、诵、书，涉及体貌体态、言语举动、情绪管理等多个方面，而以道德养成为终极目的。

可见，《幼仪杂箴》最初的写作目的只是方孝孺作为座右铭来自勉的，但实际上逐渐成为其家族子弟的一部行为规范，后来更成为社会上重要的蒙学读物之一。其单行本一卷，明代的书目类著作如《澹生堂藏书目》《千顷堂书目》以及《明史·艺文志》等都曾加以著录，明代著名学者茅元仪认为："方希直《幼仪杂箴》二十首切近童蒙，更胜于周兴嗣《千字》，况他书乎？所宜特为单行者也。"①

方孝孺主张对老百姓应以教化为先，反对酷刑苛政，而"化民必自正家始，作《宗仪》九首、《家人箴》一十五首以告其族人"②。《宗仪》和《家人箴》是方孝孺为教化族人而撰写的家法家训类著述，前者主要侧重强化宗族内部的凝聚力，后者主要规范族人各方面的道德言行，其共同目的都在于通过种种努力，使家族发扬光大，并保持家道久远，长盛不衰。

方孝孺的宗族教化观念是与其国家政治理想密不可分的。他在《宗仪》的自序中认为，君子应该"本于身，行诸家，而推于天下"，因而家是"身之符，天下之本"，要治家则必须有"法"。虽然家人都能"德修于身"，"施以成化，虽无法或可也"，即家人道德达到了一定的境界或许也可以不凭法度而全凭道德自律。然而，"古之正家者，常不敢后法"，这是因为"善有余而法不足，法有余而守之之人不足"这样的情况无论是治家还是治国中都会遇到的，何况很多情况下一般人的道德修养、法度意识都有所欠缺呢？有感于这一现实，方孝孺说："余德不能化民，而窃有志于正家之道，作《宗仪》九篇，以告宗人"，希望"贤者因言而趋善，不善者畏义而远罪"，实际上是把正家作为化民的先导。可以说，《宗仪》写作的直接目的当然在于"正家"，但同时方孝孺出于以德治

---

① 茅元仪：《暇老斋杂记》卷十五，《四库禁毁书丛刊》子部第29册，北京出版社1997年版，第552页。
② 张夏：《雒闽源流录》卷二，《四库全书存目丛书》史部第123册，齐鲁书社1994年版，第40页。

国、以民为本的政治理想，实际上又带有一定程度"化民"的意图。《宗仪》全书九篇，条目分别为：尊祖、重谱、睦族、广睦、奉终、力学、谨行、修德、体仁。以尊祖始，而以体仁终，显示出方孝孺的思考轨迹。就《宗仪》的主要内容看，方孝孺思想观念中带有明显的宗族自治与地方自治的色彩，这可以从两个方面来认识：

第一，尊祖睦族，立祠置田，设立宗族组织。方孝孺认为人区别于动物的标志就在于人能"知本"，能够"知尊其身之所自出"，这是动物所不能的，所以人必须要孝亲尊祖。而且方孝孺认为，孝亲尊祖不仅仅是要"生而敬事之，为之甘脆丰柔之味，以养其口；为之华软温美之服，以养其体；为之采色，以养其目；为之馨香，以养其鼻；顺其所欲，以养其心"，不仅仅是在物质上给长辈以种种舒适享受，甚至也不仅仅是顺从长辈博长辈欢心，而是有着更高的要求："饬身惇行，以养其德；令闻嘉誉，以养其名。著其德美于天下后世，使之没而不忘，久而弥章"，是要培养自己高尚美好的道德与品行，功成名就，誉满天下，以此显扬父祖，彰显令德，流芳百世。方孝孺认为这才算是真正意义的"尊祖"："为人子孙，非以养生为贵，而以奉终为贵。非以奉终为难，而以思孝广爱为难"，这就把原本个体意义上的尊祖敬祖提高到了博爱济世的高度，显示出方孝孺一贯视民如伤的博大情怀。

在这样的前提下，方孝孺提出了他的尊祖睦族之法：其一，立宗祠。每月初一谒拜，每年立春祭祀。祭祀之后，族人按年龄次序举行宴会，由"齿之最尊而有德者"向族人训话。

其二，修族谱。"非谱无以收族人之心"，要用修宗谱的方法来"辨传承之久近，叙戚疏，定尊卑，收涣散，敦亲睦"。其三，置义田。"多者数百亩，寡者百余亩"，收入用于恤贫济困。其四，设执事。建立一个相对完善的宗族组织，除了族长之外，还要有典礼一人，"以有文者为之"，负责宗族内部的"吉凶之礼"；典事一人，"以敦睦而才者为之"，负责安排族人的各种差役；还要有医生一名，以治疗族人的疾病；还应该让族里的"富而贤者"设立一个学校，教导子弟，"其师取其行而文，其教以孝悌忠信敦睦为要"，选择有才学的老师，教学内容以孝悌忠信敦厚和睦为主。其五，定时聚会。宗族每年举行"燕乐之会"四次，分别在二月、五月、八月、十一月；每年举行"礼仪之会"三次，分别在冬至、正月初一至初七八、夏至，并对每次聚会的行酒次数、座位顺序、歌诗篇目、训诫内容等都作详细的规定。

通过以上措施的实施，我们可以看到，这样的宗族已经拥有了相对完善的精神信仰与组织机能：宗祠的设立与各类祭祀、聚会活动的举行是对族人进行尊祖敬宗思想的教导，增强了宗族内部的认同感，也密切了族人相互之间的情感；宗谱的修订以书面的形式强化了族人之间的血肉联系；义田的设置可以救济贫弱，其收入"视族人所乏，而补助之"；典礼和典事的设立使族中的各项事务都有专人负责；族医的设立使全族人都能得到基本的医疗保障；族学的设立则能够使全族子弟受到基本的教育，以此保证了全族诗书之家传统的延续。正如学者所论述的，"通过宗族组织的建立和完善，相当于在正统的政

171

治统治之外开创了一种新的社会保障机制。整个宗族组织与血缘、地域紧密联系，具备稳定的世代延续的基础、完善的社会福利保障以及教化养育功能"，"方孝孺心目中儒家的社会理想，也就通过这种途径得到了一定程度的实现"。[1]

第二，广睦体仁，邻里互助，践行乡村自治。方孝孺本着天之生民应各得其所的情怀，认为除了保障本族之人生活安定、团结互助外，还可以把宗法制度"试诸乡间，以为政本"，以此建立一个像三代那样"行于朝廷，达于州里，成于风俗而入于人心"的理想社会，使"天下无怨嗟之民"。

其基本原则是以己之余补人之不足：首先是立乡廪。所谓乡廪，就是每逢丰收的年节，"自百亩之家以上，皆入稻谷于廪，称其家为多寡，寡不下十升，多不下十斛"，这样大概每年都"可得千斛"，如果遇到"凶荒札瘥，及死丧之不能自存者"就可以救济有术了。方孝孺还注意到，无论是在建廪的过程中，还是在赈灾救济的过程中，都要注意贫富差别："其入也先富，其出也先贫""出也视口，而入也视产"，储粮的时候要让富人先交纳，而赈济的时候要先照顾穷人；赈济的时候要看人口的多少，储粮的时候要看产业的厚薄，这都是尽量减少贫富差距，以促进公平与公正的极好的尝试。

其次是立乡祠。在乡廪左边立乡祠，以祭祀那些"入粟多而及人之博者"，这是对交粮多因而帮助人数也多的富人的一

---

[1] 连晓鸣、徐立新：《读书种子——方孝孺传》，浙江人民出版社2008年版，第227页。

种肯定和表彰,同时这一方法也能很好地抚慰"其入也先富,其出也先贫""出也视口,而入也视产"的标准下可能产生的不平与不良情绪,算是一种精神鼓舞与奖励。乡祠左右各设一板,左边的板用以"嘉善",以红色为底,写青色字,专门表彰乡民们的嘉言懿行;右边的板用以"愧顽",原木底色,写白色字,专门记录那些"吝而私者,为表而不均者,渔其利而不恤民者",即让那些吝啬自私的、处事不公的、鱼肉百姓的人登上耻辱榜,以示精神上的惩罚。弘扬善行、贬斥恶行,这两种手段一扬一抑,交互为用,方孝孺试图以此推动乡民的互助互爱精神,稳定乡村社会秩序。

再次是立乡学。请"有德而服人者"做老师,还要有"司教二人,司过二人,司礼三人",分别负责教务安排、教学纪律、学校礼仪等各方面的事务,教学内容同族学一样,也是以忠信敦睦、衣冠礼乐为主,如果子弟犯有过错或悖逆不道的,老师有权力给予责罚。这样通过乡廪、乡祠、乡学三个不同层次的措施,涵盖经济、舆论、教育等不同层面,方孝孺试图让民众实现自我管理与自我教化,他所设立的各种执事和管理职能等"表面上因袭周官,精神上另辟蹊径",因而这种"乡族自治之理想乃非常之创获"[1],其设想与实践对于我们今天的社区管理、农村自治等问题依然有一定的参考价值与意义。

---

[1] 萧公权:《中国政治思想史》(下),联经出版事业有限公司1982年版,第571页。

除以上内容外,《宗仪》对个人道德的修养也提出了很高的要求。如《务学》篇强调了学习的重要性,指出学习是"君子之先务",不过值得注意的是,方孝孺强调学习的目的并不是为了获得"华宠名誉爵禄也",而是为了"复其性,尽人之道",学习是人与动物的区别,那些"蠕而动,翾而鸣者,不知其生之故,与其为生之道",所以它们是"物而不神,冥而不灵"的。而学习不仅将人与动物区别开来,而且将人与"众人"区分开来,更进一步,还将人的短暂生命无限延伸:"上将合乎天地,拔乎庶类之上,而为后世之则",从肉体的生命升华为精神的永恒价值。

方孝孺还对方氏一族的治学特点进行了总结,指出"方氏之学,以行为本,以穷理诚身为要,以礼乐政教为用",这是后人研究方孝孺思想与学术特点的重要材料。再如《慎行》篇中,方孝孺告诫自己和族人"士之为学,莫先于慎行",所谓"千里之堤,溃于蚁穴",就是一时不慎可能招致祸患,甚至毁掉好不容易获得的名声:"才极乎美,艺极乎精,政事治功极乎可称,而一行有不掩焉,则人视之如污秽不洁,避之如虎狼,贱之如犬豕。并其身之所有,与其畴昔竭力专志之所为者而弃之矣,可不慎乎?"同时,方孝孺还指出,"难成而易毁者,行也。难立而易倾者,名也",人人都希望自己成为"名人之子孙",却不知道做名人的子孙比做一般人更难,因为"德大则难继,行高则难称",父祖的德行太高、名气太大,子孙即使"有善过于人,人未之取也,曰:'其祖之贤,不但如斯而已'";而子孙有一点不好的地方,哪怕是还没完全表现出来,"人已责之以为不肖",就会纷纷被人指责说:"若之祖何人也,而为此哉!"所以,出身普通的人往往"过易隐而善易著",因为只要稍有表现就会超过其父祖,大家会只看到他的优异之处,而不求全责备;出身世家大族的人则往往"过易闻而善难昭",因为后代子孙往往难以达到父祖那样的高度,反而稍有不慎就会被人指责为不贤不肖。所以就这一点而言,方孝孺认为作为方氏之子孙,族人"奈何而不慎哉!",必须慎之又慎,才能保证家族传承,家道久远。

《家人箴》与《宗仪》的内容既有重合,也有不同,除正伦、重祀、谨礼等治家相关的规范外,更侧重于个人的修身,包括务学、笃行、自省、绝私、崇畏、惩仇、戒惰、审听、谨习、择术、虑远、慎言等。方孝孺在《小序》中说:"论治者常大天下,而小一家",一般人总觉得治天下才是大事,治家是小事,但实际上"政行乎天下者,世未尝乏","而教洽乎家人者,自昔以为难",难道这是小事难做大事反而易做吗?其实不是的,方孝孺指出治家难的症结在于家人都是骨肉之亲,彼此之间朝夕相处,过于亲近,以致"恩胜而礼不行,势近而法莫举",除非是道德高尚能感化他人、说话做事让人信服的人来治家,否则治家之难"诚有甚于治民者"。所以圣人要"察乎物理,诚其念虑,以正其心,然后推之修身。身既修矣,然后推之齐家;家既可齐,而不优于为国与天下者无有也",方孝孺的修身观明显源于儒家修身齐家治国平天下的传统观念,正是在这一意义上,方孝孺提出"家人者,君子之所尽心,而治天下之准也"。而以"箴"来命名自己的撰述,则是因为"余病乎德,无以刑乎家,然念古之人自修有箴戒之义,因为箴以攻己缺,且与有志者共勉焉",可见方孝孺《家人箴》的写作有自勉与规范家人的双重用意。

方孝孺的上述家训之作,有一个明显的特点,即往往都是将个人自律与家族教育相结合、将族人教化与民众教化相结合,这可以说是方孝孺一生政治思想与社会思想的具体体现,也是他虽然天真却不失真诚的政治理想的一种尝试,显示出作为一个学者与思想家的严格自律精神与博大胸怀。

(四) 陈继儒《安得长者言》

陈继儒（1558—1639年）,字仲醇,号眉公,又号糜公,松江华亭（今上海）人。一生历嘉靖至崇祯六朝,曾两赴乡试不第,二十九岁即主动弃巾归隐,绝意仕途,后屡辞征召,纵意山水。他不同于一般的隐者,虽身在林下,却心系社会,"平日于地方利弊,极有昌言,而于赋役,尤讲求不倦"[1];也有别于晚明的山人群体,虽奔走于显贵之门,却不为个人私利,而是为民请命,被称为"山中宰相"。

《安得长者言》是陈继儒写作的一部具有劝谕训导性质的家训著作。其序曰:"余少从四方名贤游,有闻辄掌录之。已复死心茅茨之下,霜降水落。时弋一二言拈题纸屏上。语不敢文,庶使异日子孙躬耕之暇,若粗识数行字者,读之了了也。"[2] 全书以格言形式出现,共记录有一百二十二条格言。

---

[1] 曹家驹:《纪陈眉》,《说梦》本,《丛书集成三编》,新丰出版公司1997年版,第625页。

[2] 陈继儒:《安得长者言》,中华书局1985年版。

作者写作《安得长者言》虽然自称是"庶使异日子孙躬耕之暇""读之了了",但实际上这部训诫著作关注更多的是世风,是针对晚明种种士风而作出的训谕劝诫,更具社会教化的性质。

《安得长者言》作为一部训诫小品,内容首先是对人们修身和处世进行教育和劝诫,包括行善积福、慎独去欲、修德向贤、中庸处世和宽恕待人等内容。

一是行善积福。《安得长者言》的首要内容就是训导行善积福。开篇指出:"或本薄福人,宜行厚德事;或本薄德人,宜行惜福事";"闻人善则疑之,闻人恶则信之,此满腔杀机也。"行善是所有人每日必做的功课,"宰相日日有可行的善事,乞丐亦日日有可行的善事,只是当面蹉过耳","人生一日,或闻一善言,见一善行,行一善事,此日方不虚生"。"善""恶"的区别就在于他人的爱恨感受:"吾不知所谓善,但使人感者即善也;吾不知所谓恶,但使人恨者即恶也。"为规劝行善积福,他特别指出善恶自有因果报应:"一念之善,吉神随之;一念之恶,厉鬼随之。"如何行善?他认为应从小节做起,"有一言而伤天地之和,一事而折终身之福者,切须检点","有穿麻服白衣者,道遇吉祥善事,相与牵而避之,勿使相值。其事虽小,其心则厚"。

二是慎独去欲。《安得长者言》认为慎独自省是重要的修身行为:"静坐以观念头起处,如主人坐堂中,看有甚人来,自然酬答不差";"静坐然后知平日之气浮,守默然后知平日之言躁,省事然后知平日之费闲,闭户然后知平日之交滥,寡

177

欲然后知平日之病多，近情然后知平日之念刻。"一个人只有通过慎独自省才能反思行为得失，提高道德修养。慎独修身的核心是去除名利欲望："名利坏人，三尺童子皆知之。但好利之弊，使人不复顾名，而好名之过，又使人不复顾君父。世有妨亲命以洁身，讪朝廷以卖直者。是可忍也，孰不可忍也？"因此，陈继儒告诫人们慎对虚誉和浮华："士大夫气易动，心易迷，专为'立界墙、全体面'六字断送一生。夫不言堂奥而言界墙，不言腹心而言体面，皆是向外事也。""人之高堂华服，自以为有益于我。然堂愈高则去头愈远，服愈华则去身愈外。然则为人乎？为己乎？"并且认为过于追求名利欲望有害于性命和亲情："夫衣食之源本广，而人每营营苟苟以狭其生；逍遥之路甚长，而人每波波急急以促其死。""金帛多，只是博得垂死时子孙眼泪少，不知其他，知有争而已；金帛少，只是博得垂死时子孙眼泪多，亦不知其他，知有亲而已。"

三是修德向贤。《安得长者言》鼓励"做向上人"，认为要"做向上人"就离不开贤人君子的提携。"偶与诸友登塔绝顶，谓云：大抵做向上人，决要士君子鼓舞。只如此塔甚高，非与诸君乘兴览眺，必无独登之理。既上四五级，若有倦意，又须赖诸君怂恿，此去绝顶不远。既到绝顶，眼界大，地位高，又须赖诸君提撕警惕，跬步少差，易至倾跌。只此便是做向上一等人榜样也。"君子积极向上，主持公道，既能鼓舞人们，又能提醒人们。他说："士君子尽心利济，使海内人少他不得，则天亦自然少他不得。即此便是立命。""贤人君子，专要扶公论，正《易》之所谓扶阳也。""火丽于木、丽于石者也，方其藏于木石之时，取木石而投之水，水不能克火也。一付于物，即童子得而扑灭之矣。故君子贵翕聚而不贵发散。""青天白日，和风庆云，不特人多喜色，即鸟鹊且有好音；若暴风怒雨，疾雷闪电，鸟亦投林，人亦闭户。乖戾之感，至于此乎？故君子以太和元气为主。"那么如何辨别君子？陈继儒认为："以举世皆可信者终君子也，以举世皆可疑者终小人也。"

四是中庸处世。这是陈继儒家训的一个核心理念。"初夏五阳用事，于乾为飞龙。草木至此已为长旺，然旺则必极，至极而始收敛，则已晚矣。故康节云：'牡丹含蕊为盛，烂熳为衰。'盖月盈日午，有道之士所不处焉。"自然界的草木生长往往是物极必反。"好义者，往往曰义愤、曰义激、曰义烈、曰义侠，得中则为正气，太过则为客气。正气则事成，客气则事败。故曰：'大直若曲。'"中庸处世，实际上就是把握一个"度"，"不可无道心，不可泥道貌；不可有世情，不可忽世相"，"待富贵人不难有礼，而难有体；待贫贱人不难有恩，而难有礼"。

五是宽厚待人。陈继儒对自己要求很严，谓："人不可自恕，亦不可使人恕我。"又说接受别人的善言就是一种财富："能受善言，如市人求利，寸积铢累，自成富翁。"主张宽厚待人："凡奴仆得罪于人者，不可恕也，得罪于我者，可恕也。""责备贤者，毕竟非长者言。""大约评论古今人物，不可便轻责人以死。""凡议论要透，皆是好，尽言也，不独言人之过。"认为如果待人求全责备，那么每个人都将一无是处，谓"罗仲素云：'子弑父，臣弑君，只是见君父有不是处耳。'若一味见人不是，则兄弟、朋友、妻子，以及于童仆、鸡犬，到处可憎，终日落嗔火坑堑中，如何得出头地？故云：每事自反，真一帖清凉散也"。他甚至说，待人宽厚与否将直接影响一个人的福气大小："薄福者必刻薄，刻薄则福益薄矣；厚福者必宽厚，宽厚则福益厚矣。"

《安得长者言》是一部训谕小品，劝人为善。值得注意的是，其训诫是有感于晚明世风与士风而发，不仅仅是家族劝导训谕。明人刘世龙指出当时社会世风日下，道德败坏："今天下刻薄相尚，变诈相高，谄媚相师，阿比相倚。仕者日坏于上，学者日坏于下，彼倡此和，靡然成风。"[1] 陈继儒正是有感而发，以为训诫劝导，教化世风。其子陈梦莲在《陈眉公先生全集题识》中说："文有能言、立言二种：能言者，诗词歌赋，此草花之文章；性命道德，有关世教人心，此救世之文章也。"《安得长者言》即是"有关世教人心"的"立言"。

针对当时空谈性理和竞夺名利的士风，陈继儒倡导实学。他虽是一位隐逸之士，却有济世之心。他自食其力，且乐善好施，"弟之子，姊之孤，赖仲醇得存"[2]，"至族党故旧及闾里之孤子无告者，辄多方赈恤，垂橐无厌"[3]，"平日于地方利

---

[1] 张廷玉等撰：《明史》卷一百四十四，中华书局1970年版，第5473页。

[2] 熊剑化：《陈征君行略》，陈梦莲：《眉公府君年谱》，《北图珍本年谱丛刊》第53册，北京图书馆出版社1999年版，第388页。

[3] 卢洪澜：《陈眉翁先生行迹识略》，陈梦莲：《眉公府君年谱》，北京图书馆出版社1999年版，第396页。

第六章 传统家训分类举隅

弊，极有昌言，而于赋役，尤讲求不倦"。万历十五年（1587年）苏松大涝，他作《上王相公救荒书》《上徐中丞救荒书》《复陶太守救荒书》等，为赈灾出谋划策。万历三十六年（1608年）松江大饥，作《救荒煮粥事宜》，亲自"捐资作灶"，"自晨至未，日给粥百余锅"，① 救灾四十余日。对国家弊端和隐忧，他也洞视透彻，指出："属者东南苦赋，西北苦兵，皆不足为社稷忧，其忧乃在于国是之似定而实摇，言路之似通而实塞，兹二者伏惟明公静以待之，重以镇之。"② 认为学问要与吏事相结合才能显示高明，"天下第一奇男子"需学问与吏事兼通。他说："夫天下大事，全赖文章节义人担却，然不可不讲明学问与吏事。学问如切脉，吏事如药方，知脉审方，然后国家之沉疴痼疾，应手即除，不然，未识病夫之生死，不辨庸医之是非，或因循以待亡，或执拗以速祸，是果谁之咎哉？故要做天下第一奇男子，须要事理圆融，要事理圆融，须要讲明学问吏事。"③

在《安得长者言》中，陈继儒也告诫士大夫要有事功："士大夫不贪官，不受钱，一无所利济以及人，毕竟非天生圣贤之意。盖洁己好修，德也；济人利物，功也。有德而无功可乎？""古之宰相舍功名以成事业，今之宰相既爱事业又爱功

---

① 陈梦莲：《眉公府君年谱》，北京图书馆出版社1999年版，第490页。
② 陈继儒：《与项东鳌邑侯》，《陈眉公集》卷十二，上海古籍出版社2003年版，第168页。
③ 陈继儒：《自叙》，《读书镜》，中华书局1985年版，第1页。

名；古之宰相如聂政涂面抉皮，今之宰相有荆轲生劫秦王之意，所以多败。"同时还提出了不少治国救世的建议。如："治国家有二言，曰：忙时闲做，闲时忙做。变气质有二言，曰：生处渐熟，熟处渐生。""任事者，当置身利害之外；建言者，当设身利害之中。此二语其宰相台谏之药石乎？""救荒不患无奇策，只患无真心，真心即奇策也。"

总之，《安得长者言》具有很强的现实针对性，不仅是一部难得的家训之作，而且力求实现社会教化作用，称得上对晚明士风的救弊和劝谕之作。

三、名臣家训

所谓"名臣"，指在政府中担任过较高职务，且品行端方，勋业事功被当时和后世所称道的士人。明代黄淮等编《历代名臣奏议》一书，所录"名臣"即是这一类人。汉代以后，历代名臣大都出身儒门，对儒家学说有较高的修养，服膺儒家修齐治平的观念，他们在成就自身事业的同时，希望自己家庭（族）的清白门风可以长久传承，往往对子弟后辈谆谆教诲，有些人还写作了专门训诲子弟的家训。名臣家训的发展情况与中国古代家训的发展情况比较一致。汉魏时期是名臣家训的初始阶段，东汉初年马援的《诫兄子严、敦书》，是一篇严格意义上的名臣家训。三国诸葛亮的《诫子书》，篇幅虽短，但影响很大，是古代家训名篇。南北朝、隋、唐、宋、元时期是名臣家训的发展期，历代都出现了一些重要的名臣家训。南北朝末年至隋初颜之推的《颜氏家训》，内容丰富，体例完整，是中国古代家训的范本。唐苏瓌《中枢龟镜》、宋司马光《家范》、包拯《家训》、赵鼎《家训笔录》，也都是重要的名臣家训。明清是名臣家训的繁盛阶段，不少名臣有家训传世，如明朝杨继盛、张居正、庞尚鹏等，清朝于成龙、张英、张廷玉、曾国藩、李鸿章、张之洞等，其中庞尚鹏《庞氏家训》、张英《聪训斋语》、张廷玉《澄怀园语》、曾国藩《曾文正公家训》是内容较丰富的几种。

名臣家训的内容尽管与一般文士家训的内容差别不大，但由于作者与一般文士在身份地位上的差异，名臣家训在内容上仍有一些自身特点。概括说来，名臣家训在内容上、特色上主要表现在以下三个方面：第一，名臣家训中往往出现清廉为官的训诫；第二，名臣家训中往往要求子弟去奢从俭，避免富贵习气；第三，名臣家训中常常有一些官场经验方面的训诫。这里以颜之推的《颜氏家训》与曾国藩的《曾文正公家训》为例作一简要介绍。

（一）颜之推《颜氏家训》

《颜氏家训》在中国古代早期家训中堪称体例最为完整、内容最为丰富，并奠定了中国后世家训专书写作的基本范式。同时，《颜氏家训》中还包含了不少学术内容，也是一本重要的学术著作。

《颜氏家训》为颜之推晚年所撰，成书大约在隋朝灭陈（589年）之后。全书分七卷二十篇，内容涉及修身、治家、勉学、交友、处世、进业等诸多方面。除训诫子孙的内容外，《颜氏家训》中还有不少学术探讨的内容，涉及音韵、语言、文学、风俗等方面,这是《颜氏家训》不同于其他家训的一个显著特点。在《序致》篇中,颜之推交代了此书的写作目的:"非敢轨物范世也,业以整齐门内,提撕子孙。"[1]《颜氏家训》内容繁复,这里只就其训诫子孙的重点内容进行介绍和阐述。

第一,注重家教,让子女养成良好的品行和习惯。颜之推九岁时父母去世,靠兄长抚养成人,对家教的欠缺有很深刻的体会,"自怜无教,以至于斯"。因此,他对家教极为重视,并成为他写作《颜氏家训》的原因之一。《颜氏家训》中,除《教子》篇专论家教外,《勉学》等篇对家教也有涉及。

首先,颜之推强调家教应当及早实行。《教子》篇说:"当及婴稚,识人颜色,知人喜怒,便加教诲,使为则为,使止则止。"这是强调品行方面的早教。《勉学》篇说:"人生小幼,精神专利,长成以后,思虑散逸,固须早教,勿失机也。"在我国教育史上,颜之推是较早重视早教理念的学者,对后世产生很大的影响。

其次,颜之推强调不能因溺爱而妨碍了对孩子的教育。《教子》篇说:"吾见世间,无教而有爱,每不能然;饮食运为,恣其所欲,宜诫翻奖,应诃反笑,至有识知,谓法当尔……逮于成长,终为败德。"又说:"凡人不能教子女者,亦非欲陷其罪恶;但重于诃怒,伤其颜色,不忍楚挞惨其肌肤耳。"在对子女的教育上,父母常犯的错误就是"无教而有

---

[1] 颜之推:《颜氏家训集解》,王利器集解,中华书局1996年版。

爱"，一味地放纵，导致孩子的错误和不良倾向得不到及时纠正，结果往往是"终至败德"。

再次，颜之推反对有爱无教时也提倡"不简之教"。《教子》篇说："骨肉之爱，不可以简……抑搔痒痛，悬衾箧枕，此不简之教也。"所谓"不简"，是指父母对孩子的关心和爱护不可以简慢。"简则慈孝不接"，父母子女之间没有深厚的情感和良好的关系，父母对子女的教育也很难取得满意的效果。所以，"不简之教"大意是指通过父母对子女的真切关爱体现出来的无声之教。对子女不能溺爱，但对子女的教育却要以真切的关爱为基础，春风化雨、润物无声，把教育寓于关爱之中。颜之推提出的"不简之教"，切中家庭教育的要害，很有启发和借鉴意义。

第二，强调治家有方，促进家庭和谐。儒家讲修齐治平，齐家本是古代士大夫的人生要务，颜之推对此高度重视自在情理之中。《颜氏家训》中有《治家》篇专述齐家，此外《教子》《兄弟》《后娶》等篇也涉及家庭成员关系的论述。颜之推所讲的治家，与齐家的概念可能略有不同，既强调处理好家庭成员之间的关系，也强调处理好家庭的经济生活，包括通过"治生"来保证家庭的经济收入和通过"节用"来达到家庭的财用不匮两个方面。

在家庭成员关系的处理上，颜之推认为要以儒家伦理规范为标准，首先处理好父子、夫妇、兄弟这三种关系。《兄弟》篇说："夫有人民然后有夫妇，有夫妇而后有父子，有父子而后有兄弟：一家之亲，此三而已矣。自兹以往，至于九族，皆本于三亲焉，故于人伦为重者，不可以不笃。"父子、夫妇、兄弟这三种关系是最重要的人伦关系，也是最重要的家庭成员关系，要实现家庭关系的和谐，必须首先实现这三种关系的和谐。颜之推还谈及了一些其他家庭成员关系的处理，如后母与继子的关系、婆媳关系等，均有可取之处。

对于家庭经济生活，颜之推也提出了自己的看法。在治生方面，颜之推认为要以农业为本。他说："生民之本，要当稼穑而食，桑麻以衣。蔬果之畜，园场之所产；鸡豚之善，埘圈之所生。爰及栋宇器械，樵苏脂烛，莫非种植之物也。至能守其业者，闭门而为生之具以足，但家无盐井尔。"在家庭开支方面，颜之推提倡节俭，力戒奢靡，但主张"可俭而不可吝"，认为不能因为自己崇尚节俭，就放弃对穷急之人的施予，最好是做到施予而不奢靡，节俭而不吝啬。这样的持家观念至今仍然值得学习。

第三，勉励学习，以期修身利行。颜之推自己力学不倦，知识渊博，对子孙的学习自然也十分关切。在《颜氏家训》中，除《勉学》篇专谈学习外，《教子》《文章》《涉务》《省事》《杂艺》等篇也都涉及了学习问题。学习的首要方式就是读书，颜之推反复向子孙强调读书的重要性，认为"谚曰：'积财千万，不如薄技在身。'技之易习而可贵者，无过读书也"。读书既如此重要，所以应当勤奋读书，勉励子孙学习前人的勤学精神，要"握锥投斧，照雪聚萤，锄则带经，牧则编简"。在读书内容方面，颜之推认为应广泛涉猎，"明六经之旨，涉百家之书"。虽然读书是学习的主要途径，但学习并不限于读书。这是一种很有见地的学习观。《勉学》篇说："人生在世,会当有业,农民则计量耕稼,商贾则讨论货贿,工巧则致精器用,伎艺则沈思法术,武夫则惯习弓马,文士则讲义经书。"社会分工不同,各行各业都有自己的学习内容,"爰及农工商贾,厮役奴隶,钓鱼屠肉,饭牛牧羊,皆有先达,可为师表,博学求之,无不利事也"。《杂艺》篇还把书法、绘画、医卜、数学、棋艺等都列为学习内容。

第四,强调慎交,鼓励见贤思齐。颜之推对子孙的交游颇为注意,《颜氏家训》的《慕贤》篇就是专门谈这个问题的。颜之推告诫子孙交游一定要谨慎。《慕贤》篇说："人在少年,神情未定,所与款狎,熏渍陶染,言笑举动,无心于学,潜移暗化,自然似之;何况操履艺能,较明易习者也?是以与善人居,如入芝兰之室,久而自芳也;与恶人居,如入鲍鱼之肆,久而自臭也。墨子悲于染丝,是之谓矣。君子必慎交游焉。"强调慎交,是让子孙尽量不要交结匪类,以免受到不好的影响;但另一方面,颜之推又鼓励子孙结交贤者,见贤思齐。他提示子孙："倘遭不世明达君子,安可不攀附景仰之乎?"大贤不可多见,颜之推又提示子孙："但优于我,便足贵之。"只要比自己强,便值得交往。

第五,注重实务,不慕虚名。南北朝时期,尤其是南朝,士族阶层中祖尚虚浮、不务实际的风气十分浓厚,对此颜之推多有批评。他担心自己的子孙受到这种风气的熏染,故在家训中予以警示。颜之推认为,作为士人首先要成为社会的有用之才,而不是凌空蹈虚,不通世务,解决不了任何实际问题。他把有用之才分为六个类型，而这六个类型的人都能够在某一方面对国家和社会作出实实在在的贡献。这是告诫自己的子孙，要努力培养与社会实际需求有关的能力，成为对社会有用的人。颜之推对浮华不实的社会风气非常反感，他一方面强调要注重实务，另一方面还强调要不慕虚名，《名实》篇说："名之与实，犹形之于影也。德艺周厚，则名必善焉；容色姝丽，则影必美焉。今不修身而求令名于世者，犹貌甚恶而责妍影于镜也。"名实相符，如影随形，博取不副其实的虚名，就是欺世盗名。君子以诚信为本，欺世盗名断不可为。

总之，《颜氏家训》以儒家的伦理道德为基，不乏创见，如关于家教和学习的见解，便都具有一定的启发性。当然，其中一些训诫有明显局限性，乃时代使然。作为古代家训的范本，《颜氏家训》内容丰富，体例完备，立论平实。宋人陈振孙《直斋书录解题》称"古今家训，以此为祖"。清人卢文弨评价说："若夫六经尚矣，而委曲近情，纤悉周备，立身之要，处世之宜，为学之方，盖莫善于是书。人有意于训俗型家者，又何庸舍是而叠床架屋为哉？"[①]

(二) 曾国藩《曾文正公家训》

曾国藩（1811—1872年），初名子城，字伯涵，号涤生，湘乡（今湖南湘潭）人，曾子七十世孙，史称其"中兴以来，一人而已"。曾国藩一生奉行程朱理学，但陆王心学亦多所

---

① 颜之推：《颜氏家训集解》，王利器集解，中华书局1996年版，第633页。

汲取。

曾国藩认为每一位家庭成员都应当以孝悌为原则。孝就是对父母、长辈的尊敬与赡养。悌是指兄弟之间的和睦、友爱。曾国藩非常重视家训的写作，认为："父亲以其所知者尽以教我，而我不能以我所知者尽教诸弟，是不孝之大者也。"① 在曾国藩家书里，一般都以为他给孩子写的信最多，事实上他写给弟弟的信才是最多的，可见他对兄弟之间关系的重视。曾国藩曾说，可以从三个地方看一个家族的兴败：第一看子孙睡到几点，假如睡到太阳都已经升得很高的时候才起床，那代表这个家族会慢慢懈怠下来；第二看子孙有没有做家务，因为勤劳的习惯会影响一个人一辈子；第三看后代子孙有没有读圣贤的经典。

《家训》分修身、齐家、治国三门，其目三十有二，有四条遗嘱：一是慎独则心里平静。自我修养的道理，没有比养心更难的了。孟子所说的上无愧于天，下无疚于心，所谓养心一定要清心寡欲。所以能够慎独的人，自我反省时不会感到愧疚，可以面对天地，和鬼神对质。二是主敬则身心聪慧。在内专一纯净，在外整齐严肃，这是敬的功夫；自我修养，让百姓平安，忠实恭顺，使天下太平，这是敬的效验。聪明、智慧，都是从这些敬中产生的。三是追求仁爱则让人高兴。读书学习，粗浅地知道了大义所在，就有使后知后觉的人觉悟起来的

---

① 曾国藩：《曾文正公家训》，《曾文正公全集》，中国书店出版社2011年版。

责任。孔子教育人，莫大于求仁，而其中最要紧的，莫过于"欲立立人，欲达达人"这几句话。人有谁不愿意自立自达，如果能够使人自立自达，就可以和万物争辉了。四是参加劳动则鬼神也敬重。如果一个人每天的衣服、饮食，与他每天所做的事、所出的力相当，则他是自食其力的人。

综观《曾文正公家训》，其主要内容体现在以下几方面：

第一，读书做人。《家训》明言不愿子孙为大官。他认为："居官不过偶然之事，居家乃是长久之计。能从勤俭耕读上做出好规模，虽一旦罢官，尚不失为兴旺气象。若贪图衙门之热闹，不立家乡之基业，则罢官之后，便觉气象萧索。凡有盛必有衰，不可不预为之计。"咸丰六年（1856年）九月，他写信给九岁的儿子曾纪鸿说："凡人多望子孙为大官，余不愿为大官，但愿为读书明理之君子。勤俭自持，习劳习苦，可以处乐，可以处约。此君子也。"希望儿子成为"读书明理之君子"。《家训》中很多内容甚有意义，如不可一日不读书、勤俭自持、自立立人、刚柔互用乃天地之道、夫妻和顺等。曾国藩认为世事多变，大富大贵靠不住，故教儿辈一意读书，不可从军。其在咸丰十一年（1861年）三月致儿纪泽、纪鸿的信中指出："尔等长大之后，切不可涉历兵间，此事难于见功，易于造孽，尤易于贻万世口实。近来阅历愈多，深谙督师之苦。尔曹惟当一意读书，不可从军，亦不必作官。"曾国藩在给儿子及夫人的书信中，多次强调不愿子孙为大官，但愿为读书明理之君子。

第二，讲授读书法。曾国藩指出："人之气质，由于天生，本难改变，惟读书则可变化气质。""欲求变之法，总须先立坚卓之志。"他在信中反复强调读书的重要性，说："余在军中不废学问，读书写字未甚间断，惜年老眼蒙，无甚长进。尔今未弱冠，一刻千金，切不可浪掷光阴。"又说自己志在读书著述，不克成就，每自愧悔，"泽儿若能成吾之志，将四书五经及余所好之八种，一一熟读而深思之，略作札记，以志所得，以著所疑，则余欢欣快慰，夜得甘寝，此外别无所求矣"，认为立志是读书进学的基础，故时时在信中强调立志、坚志。

第三，道德修养方面。曾国藩有鉴于京师世家子弟多骄奢的教训，把戒奢戒傲作为家教的重要内容。他在信中说："世家子弟最易犯一'奢'字、'傲'字。不必锦衣玉食而后谓之奢也，但使皮袍呢褂俯拾即是，舆马仆从以习惯为常，此即日趋于奢矣。见乡人则嗤其朴陋，见雇工则颐指气使，即日习于傲矣。"奢傲成习，则必然导致身败名裂、家破人亡。他教导子女及家人，家中断不可积钱买田，钱不可多有，当克勤克俭。他说："银钱田产最易长骄气、傲气，我家中断不可积钱，断不可买田。"为了防奢戒傲，他要求儿子要在治家诸事上修养德行，如早起不贪睡，起床后打扫洁净，诚修祭祀，要善待亲族邻里。为了防止子女身处顺境，妄生意气，要求他们力行孝友，多吃苦，少享福。曾纪泽对儿子甚是娇惯，曾国藩写信告诫曾纪泽："吾观乡里贫家儿女愈看得贱愈易长大，富户儿女愈看得娇愈难成器。尔夫妇视儿女过于娇贵，爱之而反以害之。"家中要克勤克俭，每月费用要限定成数，只准剩余，不准亏欠。"自俭入奢易于下水，由奢返俭难于登天。"女儿出

191

嫁宜到平民之家，嫁妆不可多，以免"嫁女贪恋母家富贵而忘其翁姑"。《曾文正公家训》一书注重家风的培养，居安思危，虽富犹贫，是其家庭教育的基本原则。

曾国藩生活在一个内忧外患的历史时期，办湘军、开办洋务，宦海沉浮几十年，享有"晚清中兴名臣之首"的美誉。曾国藩的《家训》在近代百年来产生了很大的影响，李泽厚认为《曾文正公家训》是古代家训的高峰，也是中国封建社会末期一部极有影响的家庭教育著作。

四、儒林家训

经学家撰著家训，始出现于两汉三国。东汉时经学大师郑玄有《诫子益恩书》，张奂有《诫兄子书》，荀爽有《女诫》。至宋元之后，理学大盛，理学家多作有家训，如关学代表人物吕大钧有《蓝田乡约》，闽学开山朱熹有《朱子训子帖》一卷、《童蒙须知》一卷、《家礼》五卷，心学大家陆九韶有《陆氏家制》，明代理学家曹端有《家规辑略》，吕坤有《续小儿语》《演小儿语》《孝睦房训辞》《近溪隐居家训》《呻吟语》《好人歌》《宗约歌》《闺范》《闺戒》等多种家训。清代理学家孙奇逢有《孝友堂家规》《孝友堂家训》，朱用纯有《朱柏庐先生治家格言》，焦循有《里堂家训》等。这里以孙奇逢、朱用纯为例略作介绍。

（一）孙奇逢《孝友堂家规》《孝友堂家训》

孙奇逢（1584—1675年），字启泰，又字锺元，直隶容城（今河北保定）人。孙奇逢认为"士大夫教诫子弟，是第一要紧事"。顺治十七年（1660年），即在他七十七岁的时候，为更好地传承家族的优良家风，也有感于当时社会上许多士大夫"不讲家规身范"的现实情况，他决定"立家之规"，"以身垂范"，取容城故居孝友堂之名，名之为《孝友堂家规》。

作为明清之际著名的理学家与教育家，孙奇逢的学术思想深深地融入了他的教育实践中，无论是《孝友堂家规》，还是《孝友堂家训》，其最显著的特点就是强调知行合一。孙奇逢指出，"立家之规，正须以身作范"①，以身作则、身体力行才是树立良好家风的根本。知行知行，知在行先，所以孙奇逢不是生硬刻板地让子弟们死记硬背家训的大道理，而是引经据典，杂以前人逸事，古今故事，尽量将家训家规阐释得形象生动，让人信服，有时还会以提问的方式启发子弟们主动思考，发表意见，相互讨论。如"家规十八则"中，孙奇逢出于"居家之道，八口饥寒，治生亦学者所不废"的理念，将勤俭列为最后两条："克勤以绝耽乐之蠹己，克俭以辨饥渴之害心"，那么在勤与俭中，"孰为居要"呢？他让两个儿子孙博雅与孙望雅展开讨论。

孙博雅认为俭更为重要，因为"终年劳瘁，不当一日之侈靡"，并引《尚书》和孔子的话来证明自己的观点；孙望雅则认为勤更重要，因为"一生之计在勤，一年之计在春，一日之计在寅"，无论是治家、治国、治身、治心，"道岂有先于此者

---

① 孙奇逢：《孝友堂家规》《孝友堂家训》，《丛书集成初编》本，中华书局1985年版。

乎"？听了两个儿子的观点，孙奇逢指出，实际上这二者是不可偏废的，并称引大禹"八年于外，三过门而不入"才成就治水的"万世永赖"之功，宋仁宗半夜饿了想吃烧羊却因怕传至坊间循成定例导致杀生过滥而主动放弃的事例，说明必须能克勤克俭兼而行之才可，而像唐文宗那样身为皇帝却穿着已经"三浣"的衣服，虽然有"俭德"，却受制于宦官，跟历史上的周赧王、汉献帝一样，卒致抑郁而亡，这种俭"亦何益乎？"。他进一步启发儿子们："勤俭一源，总在无欲"，只要提高个人修养，从内心做到"无欲"，"无欲自不敢废当行之事，自无礼外之费"，那么自然就"不期勤俭而勤俭矣"。

知是行的前提，然而，如果知而不行的话，那也就相当于不知了。孙奇逢开列了"家规十八则"后，又沉痛地指出："凡此皆吾人分内事，人人可行"，然而实际情况却是"人人不肯行"。如果知而不能行，就像读书而不"识字"一样。孙奇逢教导子弟"尔等读书，须求识字"，这是一句听上去很奇怪的话，正如子弟所反问的"焉有读书不识字者？"。然而，孙奇逢所谓的"识字"实际上指的是在生活中践履，践履了才算"识"，不能践履就不算"识"。为了形象地向子弟讲明这个道理，孙奇逢引用了王阳明的弟子、泰州学派的创立者王艮讲学的一个事例："王汝止讲良知，谓不行不算知。有樵夫者，窃听已久，忽然有悟，歌曰：'离山十里，柴在家里；离山一里，柴在山里。'"这则故事生动浅显，很好地说明了行与知的辩证关系：如果只知道打柴的道理而不去打柴的话，哪怕家离山只有一里路，柴也仍在山里，不会自己跑到家里来；

而如果知而行之，亲自动手去实践，哪怕离山十里路，也能把柴打到家里来。孙奇逢赞叹"如樵夫者，乃所称识字者也"，这个在一般人眼里大字不识的樵夫，却因真正懂得知行合一的道理而被孙奇逢称许为"识字者"。孙奇逢也希望孙氏子孙能成为真正的"识字者"，而不是只会读书而不"识字"的人。因此，他要求子弟"学问须验之人伦事务之间，出入食息之际"，要子弟们经常进行自我反思："试思尔等此番，何为而来，能无愧于所来之意，便是学问实际"，而且"诗文经史，皆由此中着落；身心性命，皆由此中发皇"，认识到这一点，那么"随时随处，皆有天则，便无虚过之日"。

《孝友堂家规》及《孝友堂家训》虽然内容丰富，涉及修身、治生、择友、婚配、邻里、处世等各个方面，但其精神内核却是鲜明的，即"教家立范，品行为先"。孙奇逢特别强调子弟砥砺品行，他所撰的"家规十八则"中首重"安贫以存士节，寡营以养廉耻"，把"存士节，养耻心"放在家训最重要的位置上。他教导侄子孙趋雅要正确理解孔子所谓的"行己有耻"和"狷者有所不为"，认为前者是相对"无耻"而言的，后者是相对"无所不为"而言的。"丈夫无所不为，正是其无耻处"，这也正是孔子用"耻"之一字来激励人的原因，只有"知所用耻"，行己有耻，才能不做令自己、令家族蒙羞的事情，千万不能为了追求荣华富贵而无所不为。

孙奇逢自己少年高才，年仅十七岁就考中举人，后虽科考不利，但其才学已人人称颂。然而，身历明亡之痛后，他固守民族气节，不与清廷合作，屡征不起，因而自然也不鼓励子弟求取功名，认为"添一个丧元气进士，不如添一个守本分平民"。他明确指出，"古人读书，取科第犹第二事"，读书的终极目的在于"明道理，做好人"。同时，他对子弟提出了出仕为官的原则首先是做一个"廉吏"。孙奇逢祖父孙臣在任淮南府沭阳令期间，"敬士爱民，誓不取一钱以自润。旧额火耗亟为罢裁，不批词于佐贰，而赎锾尽绝。绅士馈遗，一尊一果外，尽谢不纳"，不仅在沭阳如此，孙臣在以后的历任官任上都"从未受地方一金，亦未有一金馈上官"①。孙奇逢的弟弟孙奇彦也能继武前人，廉洁自守，所以孙奇逢感慨虽然家族清贫，然而能为"清白吏子孙"是值得骄傲和自豪的，比那些积攒了"金帛田宅"遗传给后人的要光荣多了。

在具体的家庭治理上，孙奇逢首先承认"齐家之难，难于治国平天下"，因为家人之间亲密无间，就"情易辟""法难用"。他提出家庭治理的一些具体方法，如在家庭伦理上，要做到"父曰慈，子曰孝，兄曰友，弟曰恭，夫曰健，妇曰顺"，孝友传家；在儿女教育上，要注重蒙养，"端蒙养，是家庭第一关系事"，必须"隆师以教子孙"；在婚姻上，他提出"婚姻之事，家之盛衰相关"，要论德不论财；发生家庭纠纷时，要善于反思，不苛求他人，"凡事有不得者，皆求之己"，同时要学会宽容忍让，"百忍堂中有太和"……这些都值得称道。

《孝友堂家规》与《孝友堂家训》既是孙奇逢家教思想的

---

① 孙奇逢：《先大父敬所公行述》，《夏峰先生集》卷七，中华书局2004年版，第260—261页。

精华，也是其一生为人处世的经验总结。应该说，其身型家范、知行合一、品行为先的教育理念是先进的。在孙奇逢的教育下，孙氏一门五世同堂，而长幼咸安，相处和睦。孙氏家族一直耕读传家，书香绵延，孙奇逢六个儿子均读书有成，多有著述流传。后人品格和学术成就与孙奇逢的家训有方是分不开的。而《孝友堂家规》与《孝友堂家训》传承数百年，至今仍为孙氏子孙所尊奉，显示出其超越时空的巨大生命力。

(二) 朱用纯《朱柏庐先生治家格言》

朱用纯（1627—1698年），字致一，自号柏庐，昆山（今江苏昆山）人，诸生，明末清初著名的理学家、教育家。世传《朱柏庐先生治家格言》又名《朱子治家格言》《朱子治家规范》《朱子教训》等，本为朱用纯治理家族之规程，他在世时虽未刊刻传播，但由于此文内容既符合传统儒家道德规范，又语言生动、通俗易懂，并采用了格言警句体的形式，便于传诵，所以问世之后即广为流传，一时传抄无数。朱用纯去世之后，各地才相继刊刻成书。乾隆年间时任礼部左侍郎的满族人德保将之译为满文，以教导八旗子弟。同治年间，时任昆山新阳知县的廖纶为朱用纯建祠，祠上对联云："讲学法程朱，愧讷毋欺，义理直同性命；治家承节孝，困心衡虑，格言悉准人情。"[①] 上联中的"愧讷""毋欺"，既是对朱用纯品性的概括，也是朱用纯著述的名称，即《愧讷集》与《毋欺集》；下联的

[①] 《朱柏庐诗文选·文选》，陆林等选注，江苏古籍出版社2000年版，第3页。

"格言"则指的是《朱子治家格言》。

不过,《朱子治家格言》在流传过程中,曾被误以为是宋代朱熹之作,主要是因为朱用纯也曾被后学弟子尊称为"朱子",因而与朱熹相混,现在通过学者的研究,已经可以证明《朱子治家格言》确实乃朱用纯所撰。①《朱子治家格言》版本极多,而且其中很多语句深受书法与篆刻爱好者的青睐,这在历代家训中是少见的。

《朱子治家格言》深入浅出、言简意赅,全文仅五百余字。朱用纯利用格言这一生动凝练的形式,全面地阐述关于持家、修身、处世、读书等方面的原则与要求,言近旨远,辞约意深。其内容大概可分为以下四个方面:

首先,持家要勤俭。"黎明即起,洒扫庭除",强调的是行为上的勤。以下诸条则大多围绕一个"俭"字来谈,如脍炙人口的名句"一粥一饭,当思来处不易;半丝半缕,恒念物力维艰",即要求子弟日常生活中时时、处处以俭约自处。"自奉必须俭约",个人生活不要追求奢侈。"器具质而洁,瓦缶胜金玉;饮食约而精,园蔬愈珍馐",饮食器具要求质朴简约。这是举一端而概其余,饮食器具如此,其他日用自也如此。

朱用纯对勤俭非常重视,把勤俭持家作为治家的第一条原则。他还在《朱柏庐先生劝言》中指出:"勤与俭,治生之道也,不勤则寡入,不俭则妄费。"不勤劳就会收入少,不节俭

---

① 朱锦富:《朱氏家训》,广东人民出版社2009年版。

就会花费多，如果赚得少，花得多，"寡入而妄费则财匮，财匮则苟取"，自然易将家底都花光。而缺钱的人往往就难做到君子爱财而取之有道，"愚者为寡廉鲜耻之事，黠者入行险徼幸之途"，结果导致"生平行止于此而丧，祖宗家声于此而坠"，真是可悲可叹！

其次，处世质朴。一是不可贪得，"勿营华屋"，更"勿贪意外之财"，尤其是不要占那些下层辛苦谋生小老百姓的便宜，即"与肩挑贸易，毋占便宜"，因为他们的每一分钱都来之不易，这是一个文人的底线和修养。在娶媳嫁女的时候，论德不论财，"嫁女择佳婿，毋索重聘；娶媳求淑女，勿计重奁"，要以人品佳为上。看到宗族中人有困难，应有"分多润寡"之心，不能自私自利；即使不是兄弟叔侄之类的亲戚，若是路遇"贫苦亲邻"，也应有一颗同情体恤之心。二是不可刻薄，不要看到别人有良田就想着如何谋占，更不能"恃势力而凌逼孤寡"，如果靠搜刮和克扣他人而致富，即使一时富贵，也不可能"久享"；不幸灾乐祸，看到别人有欢喜庆祝之事，不生"妒忌心"，看到别人遇到灾祸患难，不生"喜庆心"；时时心存忠厚，"施惠毋念，受恩莫忘"；行事要适可而止，"凡事当留余地，得意不宜再往"。三是立身端直。不可性格乖僻，颓废堕落，"乖僻自是，悔误必多；颓惰自甘，家道难成"；不可因人贫富不同而态度有所区别，"见富贵而生谄容者，最可耻，遇贫穷而作骄态者，贱莫甚"；不可"见色而起淫心"，"匿怨而用暗箭"，否则必会遗患无穷，家人子孙日后受遣；要行善去恶，做善事不是为了让别人看到，"善欲人见"就不是真善,而怕别人知道的恶则是真正的"大恶";如果出仕为官,应该心存天下百姓,不可计较个人私利。

再次,治家以礼义。"长幼内外,宜辞严法肃",家中应有一定的规矩礼法;祭祀恭敬虔诚,"祖宗虽远,祭祀不可不诚";子弟不能"听妇言,乖骨肉","重赀财,薄父母",要孝敬父母,不可违逆人伦,"伦常乖舛,立见消亡";家里妻妾奴仆不能浓妆艳抹;居家不与他人争讼,"讼则终凶",发生争执时,要"平心再想"是否自己有不对的地方;家庭和睦相处,即使家境清贫,只要家人平安和顺,也是幸福的。

最后,教子有义方。《朱子治家格言》教导子弟"训子要有义方",而最重要的一点就是读书。即使子弟不那么聪明伶俐,也要让他从小读书,学习做人的道理。读书目的在于成就"圣贤",在于道德修养,做一个堂堂正正的人,而不仅仅是为了科举考试。此外,要教育孩子不轻信人言,听到说别人的坏话,要"忍耐三思";慎择交游,不可"狎昵恶少",要多与老成持重的人交往。

除以上主要内容外,《朱子治家格言》还有不少可圈可点的隽语。如朱用纯提到家居要谨慎,"既昏便息,关锁门户,必亲自检点",注意家庭安全防范;"宴客切勿流连""莫饮过量之酒",不能流连曲蘖,贪杯误事。虽然其中难免有"守分安命,顺时听天"一类的话,但就其整体精神来说是积极向上的,很多条目都是儒家思想与中华民族传统美德相结合的产物,既显示了一个儒家学者的道德操守,又展现了一个民间士人的日常经验与现实情怀。可以说,《朱子治家格言》不仅

"作挽回世道之语，皆人情对病之药"①，而且因其采用了格言体形式，更为广大民众所喜闻乐见。首先，《朱子治家格言》的语言通俗易懂，平实质朴，说理透彻，而又深入浅出，适应一般老百姓的知识水平；其次，全文大致押韵，对仗工整，文字流畅，读起来朗朗上口，易于口耳相传；再次，文中多用"要""当""须""必""毋""勿""莫"等能愿动词，犹如长者耳提面命，苦口婆心，谆谆切切，令人易亲易近，乐于听闻。这些都是促进《朱子治家格言》传播的有利条件，历史事实也证明，《朱子治家格言》的传播速度与广度确实是古代其他家训所无法企及的。

自《朱子治家格言》问世以来，"三百多年历传不衰，无论是官宦士绅、书香世家，还是贩夫走卒、普通百姓，几乎是家喻户晓，人人皆知。其流传之广、影响之久远，超过了中国传统家训中的任何一部"，"如果论及中国古代的传统家训中对民间影响最大者，应该非此篇莫属"。② 直至现代，在朱用纯的家乡，江苏昆山的民间，还有许多家庭保留着让孩子诵读《朱子治家格言》的传统，显示出《朱子治家格言》源远流长的生命力与刻在民众心上的深刻印记。

---

① 金吴澜：《朱柏庐先生著述目》，见《朱柏庐先生编年毋欺录》，《北京图书馆珍藏年谱丛刊》第78册，第140页。
② 徐少锦、陈延斌：《中国家训史》，陕西人民出版社2003年版，第706—708页。

五、望族家训

望族指历史形成的有声望（名望）的世家大族，文化望族专指那些能够世代传承、以文化成就为标志的名门世家，他们往往历史悠久，代有闻人，成就突出，声望隆盛。早在汉魏时期，江东已出现"吴中四姓"朱、张、顾、陆等著名世家。四姓之人活跃于自三国至魏晋南北朝三百多年的历史上，在当时政治、军事上作出过杰出贡献，也活跃于艺苑文坛，为后世留下丰厚的文化遗产。到隋唐时期，形成了所谓"五姓七望"等著名家族，在社会上享有崇高威望和地位，是社会文化的重要代表。宋代由于科举制度的繁荣，形成以科举为中心的新的文化望族。这一风习一直延续到明清，乃至近现代。自家训兴起后，历代世家大族往往都有家训的拟制，文化望族尤其如此。这类家训不仅有一般家训所具有的为人处世等规诫性内容，往往还着眼于对家族命运的深刻思考与长远规划。这里以唐代河东柳氏与宋代开封—金华吕氏为例，略观文化望族家训的情况。

（一）河东柳氏《序训》

河东柳氏在唐代前期还是默默无闻的家族，这一家族的显贵是从任刑部尚书、兵部尚书的名臣柳公绰和著名书法家柳公权兄弟开始的，而家族兴起的重要原因，则在于家族的治家有术教子有方。柳公绰对柳家子孙教导甚严，他在家里的中门东边建了一个小斋，"自非朝谒之日，每平旦辄出至小斋，诸子皆束带，晨省于中门之北"①。不上朝时，柳公绰就在这间小斋里处理私事和教育子弟。除早晚定省之外，在柳公绰的带领和监督下，柳家子弟每天都要研读经史典籍，或听讲居官治家之法，或讨论文章音乐之道，要从天黑时分一直持续到半夜，而且这样的教育，"凡二十余年，未尝一日变易"。祖母韩氏"家法严肃俭约，为搢绅家楷范"，常常用苦参、黄连和熊胆等极苦的药物制成药丸，以便子弟们"永夜习学"时"含之，以资勤苦"。至柳玭这一代，河东柳氏凭借仕途升迁及家族清誉，社会地位获得迅速提升。柳玭其人，生年不详，京兆华原（今陕西铜川）人，是柳公绰的孙子、柳公权的侄孙，父亲柳仲郢曾任剑南东川节度使、刑部尚书，兄柳璧任谏议大夫。

伴随着家族荣耀而来的是深刻的危机意识，柳玭深知"名门右族，莫不由祖考忠孝勤俭以成立之，莫不由子孙顽率奢傲以覆坠之"，而且往往"成立之难如升天，而覆坠之易如燎毛"。其时又值唐末乱世，黄巢之乱以来"天街踏尽公卿骨"，许多名门大族或因外力或由内因遭到殄灭之灾。柳玭有感于"丧乱以来，门祚衰落，清风素范，有不绝如线之虑"，而自己兄弟二人也已经"年将中寿"，所以希望通过家训的写作把"荷祖先名教之训""属于后生"。

柳玭《柳氏序训》的写作目的主要在于警醒族人，整合家族力量，传承家族精神。在这篇家训中，柳玭先回顾了祖父

---

① 柳玭：《柳氏序训》，《戒子通录》本，《四库全书》本；《中华野史·唐朝卷》本，泰山出版社2000年版。

柳公绰、祖母韩氏、叔祖柳公权、父亲柳仲郢、母亲韦氏等人克勤克俭、艰难兴家的历史，以及诸前辈孝悌忠信的嘉言懿行。柳玭重点指出长辈居安思危，长怀忧虑。如柳玭兄弟有次出门，仆从马匹众多，"会阴晦，多雨具"，柳公权看到后深有感慨，就对柳玭兄弟说起自己当年"家贫"时的经历：柳公权年十六，家族要去鲍陂一户人家致祭，派他先去写祭文，当时下着大雪，他只能骑着一头驴去，雨具不过"一破褥子"，冒雪到鲍陂，不胜苦寒，寒冷瑟缩之状"为庄客所哀"。好心的庄客点了一堆火，他才得以借着火堆的热度写好祭文。当时只想着不受责罚就已经很好了，"岂暇知寒？"对柳玭兄弟今天的舒适生活，柳公权感慨："尔等作得祭文者有几人？皆乘马有油衣，吾为尔等忧"，认为后辈们没有前辈当年的才能，却享受更舒适的物质条件，深感忧虑。其实，这种忧虑也正是柳玭的忧虑，所以当他听到别人称赞柳氏"虽非鼎甲，然中外名德，冠冕之盛，亦可谓华腴右族"时，不是欣喜和满足，而是"刻骨畏惧"。出于这种忧虑，他提出发人深省的"门第高者，可畏不可恃"的说法："夫门第高者，可畏不可恃。可畏者，立身行己，一事有坠先训，则罪大于他人。虽生可以苟取名位，死何以见祖先于地下？不可恃者，门高则自骄，族盛则他人之所嫉。实艺懿行，人未必信，纤瑕微累，十手争指矣。"指出出身高贵门第者，更应该时刻警醒自己，严于律己。

在指出高贵门第可畏不可恃的前提下，柳玭竭力用柳家先训和家法教育子弟。柳公绰与柳公权讲论家法说："立身以孝

第六章　传统家训分类举隅

悌为基,以恭默为本,以畏怯为务,以勤俭为法,以交结为末事,以气义为凶人。肥家以忍顺,保交以简敬。百行备,疑身之未周;三缄密,虑言之或失。广记如不及,求名如偀来。去吝与骄,庶几减过。莅官则洁己省事,而后可以言守法,守法而后可以言养人。直不近祸,廉不沽名。廪禄虽微,不可易黎甿之膏血;榎楚虽用,不可恣褊狭之胸襟。忧与福不偕,洁与富不并。"可以说,这是柳氏家法的核心内容,是柳公绰和柳公权对柳氏家族兴盛过程与经验的总结,其中包含为人和做官两个方面的内容。从中我们可以看到柳氏作为一个官宦世家对出仕子弟的道德教育与人格要求,尤其是居官要守法省事、廉洁正直的观点以及忧福不偕、洁富不并的认识,具有深刻的意义。柳玭意识到仕宦荣耀背后的家国责任与道义担当,确实值得称道,足供后人细细体会。

柳玭从历史上诸多名门望族衰微覆亡的历史教训中认识到,家族前辈往往"正直当官,耿介特立,不畏强御","逊顺处己,和柔保身,以远悔尤",无论是为官一方还是个人修身,都值得钦敬,可是他们的后代,往往"惟好犯上,更无他能",甚至"但有暗劣,莫知所宗",这样的家族哪能不衰亡呢?鉴于此,柳玭列举出导致"坏名灾己,辱先丧家"的五大错误:"其一,自求安逸,靡甘淡泊,苟利于己,不恤人言。其二,不知儒术,不悦古道,懵前经而不耻,论当世而解颐,身既寡知,恶人有学。其三,胜己者厌之,佞己者悦之,惟乐戏谭,莫思古道,闻人之善嫉之,闻人之恶扬之。浸渍颇僻,销刻德义,簪裾徒在,厮养何殊?其四,崇好慢游,耽嗜曲

205

蘖，以衔杯为高致，以勤事为俗流，习之易荒，觉已难悔。其五，急于名宦，昵近权要，一资半级，虽或得之，众怒群猜，鲜有存者。"告诫子弟们一定要以此为戒，念念在心。孙奇逢在《孝友堂家规》中引用了这一段文字，认为"最中人膏肓之疾"，是"先圣先贤所以教戒子弟"中的精华，可以作为"家规榜样"①。

　　河东柳氏一门官宦众多，朱紫遍地，却治家严肃，门风高华，以家风严谨著称。《唐语林》卷一说："仆射柳元公家行为士大夫仪表。居大官，奉继亲薛夫人之孝，凡事不异布衣时，薛夫人左右仆使至有以小字呼公者。性严重，居外下辇，常惕惧。在薛夫人之侧，未尝以严颜色待家人，恂恂如小子弟。敦睦内外，当世无比。"在柳公绰的榜样作用下，柳氏家风严整，为时人及后人景仰。《旧唐书·柳公绰传》载："公绰理家甚严，子弟克禀诫训，言家法者，世称柳氏云。"《北梦琐言》卷十二也说："柳氏自公绰以来，世以孝悌礼法为士大夫所宗"，"其家法整肃，乃士流之最也"。这一评价不可谓不高。《柳氏序训》既是对唐代中期开始起家的柳氏家族家法的总结和回顾，也可以说是在唐末风雨飘摇之际对士族大厦将倾的力挽狂澜之举，对唐以后世家大族家训有着重要的启发意义。宋代仕至宰相的文人苏颂曾多次引用其中的内容，而且"常称唐族惟卢、柳善教子弟以严谨……卢氏自杞以奸邪取宰相，其族始衰。惟柳与唐终始，尤可贵。乃取《柳氏序训》一

---

① 孙奇逢：《孝友堂家规》，中华书局1985年版，第3页。

第六章　传统家训分类举隅

篇，令子孙皆抄录阅示"①。

（二）开封—金华吕氏《家范》

开封—金华吕氏家族兴起于五代，极盛于北宋。宋至南渡后，家族自开封搬迁至金华。家族中先后出现吕公著、吕希哲、吕好问、吕本中等文学、学术名家，八代之间出过十七位进士，是宋代著名的文化世家。作为名门望族，吕氏极为重视对子弟的教育，一方面通过父兄辈的言传身教来继承，另一方面通过家范家规来实现其世代传承。早在吕夷简时，就作有《门铭》。"公"字辈吕公绰，"希"字辈吕希纯、吕希哲皆精通《礼》学，吕希哲作有《家塾广记》，其《吕氏杂记》中也有很多家礼方面的内容。吕本中作有《童蒙训》《官箴》《师友渊源录》等。到了吕祖谦，更有《闺范》《少仪外传》《家范》等撰著，《家范》尤集吕氏家训之大成。《家范》共六卷，《宗法》《昏礼》《葬仪》《祭礼》《学规》《官箴》各一卷，实际上包含了三个部分：前四卷论述家族宗法制度及各种礼仪规范，卷五《学规》主要侧重子弟修习学业方面的规范，卷六《官箴》则是专为出仕子弟制定的仕宦原则与纪律。② 下面分三部分作一概述：

第一，家族宗法与礼仪。《宗法》阐述了尊祖、敬宗、收族的重要意义，卷末的《宗法条目》是吕祖谦要求家人日常

---

① 苏象先：《丞相魏公谭训》卷二，《全宋笔记》，大象出版社2008年版，第51—52页。
② 吕祖谦：《家范》，《吕祖谦全集》，浙江古籍出版社2008年版。

生活中应该遵守的一些礼仪，包括祭祀、婚嫁、生子、租赋、家塾、合族、宾客、庆吊、送终、会计、规矩、中庭小婢约束、进退婢仆约束等。《家范》中有关宗法的这一部分是针对吕氏全族的规范，其中既有对吕氏子弟尊祖敬宗、重社稷、爱百姓的道德要求，也涉及祭祀、家塾、婚礼、葬仪等各个方面的礼仪与行为。其思想核心则是"敬宗收族"，吕祖谦以"亲亲故尊祖，尊祖故敬宗"作为"一篇之纲目"。所谓"敬宗"，就是要由爱自己的生身父母推及敬爱祖父母、曾祖父母以至本家族的祖先；所谓"收族"，就是要重视家族的凝聚，家族内部要团结互助，相互扶持，"穷困者，收而养之；不知学者，收而教之"，不放弃、不抛弃家族中的每一个穷困者，并为他们提供同等的教育机会。在没有国家扶贫助学制度的古代社会，吕氏家族的这种做法不仅为本家族的人才成长提供了坚实的后盾，也大大强化了家族的向心力和凝聚力。这种向心力和凝聚力最终投射到国家、百姓身上，"收族，故宗庙严"，"宗庙严，故重社稷"，"重社稷，故爱百姓"，"爱百姓，故刑罚中"，"刑罚中，故庶民安"，"庶民安，故财用足"，"财用足，故百志成"，"百志成，故礼俗刑"，最终化成天下，建造一个礼仪彬彬、风俗淳美的社会，这就是一个文化世家自觉的家国责任与道义担当。

第二，学规。当年吕祖谦在金华讲学，本族子弟与四方来学者常千余人，为更好地教育和规范学子们，吕祖谦陆续制定了多部学规。《学规》的内容大致可分为两个层面：其一，对子弟道德修养及增进学业方面的规范和要求。吕祖谦对学子的道德品性有极高的要求："凡预此集者，以孝弟、忠信为本"，"凡与此学者，以讲求经旨、明理躬行为本"，同时对子弟们在学习期间的品性及表现也有详细规定："凡预此集者，闻善相告，闻过相警，患难相恤，游居必以齿，相呼不以丈，不以爵，不以尔汝"；还要求子弟们"会讲之容，端而肃。群居之容，和而庄"。吕祖谦还规定了学习的具体方法："肄业当有常，日纪所习于簿，多寡随意。如遇有干辍业，亦书于簿。一岁无过百日。过百日者，同志共摈之。凡有所疑，专置册记录。同志异时相会，各出所习及所疑，互相商榷，仍手书名于册后。怠惰苟且，虽漫应课程，而全疏略无叙者，同志共摈之。"其二，除了正面引导和规范外，为便于子弟反躬自省，吕祖谦在学规中详细列出明确反对或禁止的行为。首先，在品性上，"其不顺于父母，不友于兄弟，不睦于宗族，不诚于朋友，言行相反，文过遂非者，不在此位"，凡有以上不孝不友恶行的，一律不许列入门墙，那些"既预其集而或犯"者，则根据不同程度而加以批评、教育、警告乃至开除。另外，禁绝一系列他认为有损道德的事情，如"毋得品藻长上优劣，訾毁他人文字"，"毋得干谒、投献、请托"，"毋得互相品题，高自标置，妄分清浊"，"语毋亵，毋诿，毋妄，毋杂"，"毋狎非类"，"毋亲鄙事"，"不修士检，乡论不齿者，同志共摈之"等，要求子弟不要随意评价他人，不要乱走后门，不要乱说话，乱交并非志同道合的朋友，以及不能做赌博、斗殴、醉酒、代考等不体面的事情等。总之，要求子弟砥砺品行，提高修养。

第三，官箴。吕氏是一个科第仕宦世家，家族名宦辈出，宰相就曾出过吕蒙正、吕夷简、吕公著、吕公弼等四位。《家范》中的《官箴》记录了这个家族对如何做一个好官的思考和总结。《官箴》包括吕祖谦所作《官箴》和吕本中遗作《舍人官箴》。吕本中为吕祖谦伯祖，在宋高宗绍兴初做过中书舍人，故而取名《舍人官箴》，其原貌已不可知，经吕祖谦整理后一并收入《官箴》中，二者共同构成官箴部分的思想核心。

《舍人官箴》主要从正面规定如何做一个好官，提出了为官的基本原则、道德修养与行为规范。最为后人推崇的是它提出的当官三事："当官之法，唯有三事，曰清，曰慎，曰勤。知此三者，则知所以持身矣。"清、慎、勤，这是吕氏家族对每一个出仕为官之人的整体要求和原则。清，就是清廉，要临财自克，不贪不渎；慎，就是谨慎，要谨小慎微，谨言慎行；勤，就是勤勉，要勤于政事，不怠不惰。同时，《舍人官箴》还反复强调一个"实"字，"当官处事，但务着实""当官者难事勿辞""处事者，不以聪明为先，而以尽心为急"，强调做官要有实干精神，不避困难，不耍滑头，实实在在做事。

吕祖谦的《官箴》主要立足于违法悖道之事不可为，总计二十六条，其中绝大多数都围绕一个"廉"字来立论。表面看所列似乎都是"觅举""求权要书保庇""投献上官文书""法外受俸""多量俸米"等鸡毛蒜皮的小事，然而吕祖谦深知防微杜渐的道理，所谓"不矜细行，终累大德"，廉洁之风、正直之习必须从生活小事做起，才可能防患于未然。这些"小事"上的表现既是个人节操的体现，又是整个社会风气的反映。陈宏谋在编纂《五种遗规·从政遗规》时就将吕祖谦《官箴》作为第一种收入,并给予高度评价:"所著《官箴》,首以觅举、求权要书为戒。见居官者必先自立,然后可以有为。士大夫不讲气节,虽有才华,徒工奔竞,患得患失,何所不至耶?"认为《官箴》体现出的"谨小慎微,慈祥岂弟,任理而不任气",正是吕祖谦作为一个儒家学者有异于俗吏的地方①。

《家范》作为南宋时期的重要家规,对金华乃至整个浙东地区的家族教育都产生过影响。《宋史·吕祖谦传》称吕祖谦"居家之政,皆可为后世法"。两宋之际毕仲游《祭司空吕申公文》称赞吕氏一族:"西枢旧臣,北门学士。司徒司空,上公之贵。谁实为之,父子兄弟。名声焜耀,轩冕峨巍。世有令德,所以将之。"②《家范》正是吕氏"令德"不可分割的一部分。

六、宗谱家训

中国古代是宗法社会,谱牒历史源远流长。谱牒在秦汉以前称世系、世本,秦汉之后称族谱、世谱、姓谱、家谱等,宋代之后通称为族谱,民间一般称宗谱。宋代而后,地方宗族自我意识强化,重视族群团结和凝聚,宗谱纂修兴盛。家训是宗

---

① 陈宏谋编:《五种遗规·从政遗规》卷上,中国华侨出版社2012年版,第347页。

② 毕仲游:《西台集》卷十七,中州古籍出版社2005年版,第275页。

谱的重要组成部分，宗谱家训存世达数万篇，虽存在程式化和雷同剿袭的问题，但总体来看，内容相当丰富，因时代而有别、因宗族而相异，在中国文化史和家族发展史上，起到了重要的作用。

从现存宗谱家训文献来看，大江以南居多，这与近代以来的历史动荡变化有着密切的关系。总体上说，南方家训内容复杂，北方家训较为简洁。如浦江的《郑氏规范》多达一百六十八条，清嘉庆刊刻的《洪洞薄村十甲王氏族谱》卷八《乐庄公垂训》只有十条，每条六字，不过其中第八条"不许踵袭异教"，则为南方家训少见。

(一)江南第一家《郑氏规范》

浦江郑氏家族以孝义治理家族，曾受到宋、元、明三朝旌表，《宋史》《元史》《明史》三部正史"孝义""孝友"类传记均载郑氏家族事迹。朱元璋御赐"江南第一家"，时称义门郑氏，故又名"郑义门"。历史上，一个家族累世同居被朝廷旌表，可称"义门"。历朝表彰的"义门"中，一般历五世、七世已难能可贵，而郑义门礼法有序、耕读传家，自南宋至明中叶长达十五世。明朝初年，家族发展步入顶峰。此时，郑氏家族已是"阖族殆千余指"，家族规模宏大，组织严密，为世人瞩目而誉播八方。郑氏家族和睦相处、互相友爱，生生不息，成为宋元明时期最具代表性的家族。这样的大家族之所以能够累世同居，与其说是依靠家族成员的团结共济，不如说是《郑氏规范》的约束和训导。

《郑氏规范》历经郑氏数代人的辛苦创制、修订、增删。

六世孙郑文融首订《治家规范》五十八则，七世孙郑钦增订至九十二则，至郑涛等人再加损益，共一百六十八则，刊为《郑氏规范》。在郑氏家族编订规范的过程中，元明两代大儒如柳贯、吴莱、宋濂和方孝孺等都给予了很大的帮助。明代"开国文臣之首"宋濂还推而广之，他奉朱元璋之命修定明律时，就参考了《郑氏规范》。

《郑氏规范》以朱熹《家礼》为蓝本，对祖宗祭祀、冠婚丧祭礼仪、家政管理、家长职权、人员分工、财产分配、子孙教育、妇规、社交和睦邻关系等都作了详细规定，堪称齐全的家庭管理规范。它的实用性很强，在基本规定之外，还设置了相应的奖惩规定，同时在家族内部设立督过一人，属于祠堂执事之一，专门负责监督族人过错。《郑氏规范》内容有三大特色：

首先，以尊祖敬长为精神内核，确定了家族礼法。家法以维系家族发展为主要内容，主要涉及家族祭祀和以祠堂为中心的一系列礼法等。通过家法的不断宣讲、强化，慎终追远、礼拜祖先的观念长存于每个郑氏子孙的心中。

其次，家族成员合理分工，管理有序。郑氏家族的掌事主要由家长、典事和监事三人组成，分为决策、执行和监督。三位一体，互相监督，保证了决策的执行。这种合理分工、各司其职又互相监督的模式，使得一个庞大家族各项活动的开展井然有序。

再次，以家族内部不藏私财为准则。家规规定，族内子孙不得私藏财物，又对家族内的财产分配进行了严格的规定，如有人违反,将严惩不贷。

从内容上看,《郑氏规范》亮点很多,主要体现在三方面:

一是厚人伦。崇尚孝顺父母、兄弟恭让、和睦友好。《郑氏规范》强调了家族与外部关系的维持,包括睦邻友好、爱国爱家等。邻居是除家人之外接触最多的人,邻里关系的和谐是建立和谐社会关系的第一步。《郑氏规范》第一百二十三条规定:"子孙当以和待乡曲,宁我容人,毋使人容我。切不可先操忿人之心;若累相凌逼,进退不已者,当理直之。"对待相熟的人,应求和睦。若别人屡屡咄咄逼人、不肯罢休,则应理直气壮与之论理。"已所不欲,勿施于人",将心比心对待别人,是发展良好社会关系的第一步。《郑氏规范》第一百二十四条规定:"秋成谷价廉平之际,籴五百石,别为储蓄;遇时缺食,依原价粜给乡邻之困乏者。"秋收时节谷价低廉之际,籴谷五百石,另行储藏。在青黄不接乡邻缺食时,依收购时的价格粜给生活困乏的乡邻。郑氏家族在努力发展、壮大家族的同时,不忘乡里邻居,难能可贵。

二是美教化。郑氏家族注重教育,创立东明书院,鼓励子孙出仕,提倡廉洁奉公。《郑氏规范》第八十六条规定:"子孙器识可以出仕者,颇资勉之。既仕,须奉公勤政,毋蹈贪黩,以忝家法。任满交代,不可过于留恋;亦不宜恃贵自尊,以骄宗族。仍用一遵家范,违者以不孝论。"对有才能可以出仕的子孙,家族会给予资助和勉励。子孙为官后,要求其爱国守法、奉公勤政。任满离职,不应留恋权力、官位,亦不应自觉尊贵,对族人无礼。还特别规定:即使为官,亦必须遵守

《郑氏规范》。对于贪污受贿、违法乱纪的人，一并按家法论处。

三是讲廉洁。从家族发展角度，规约为官者当"奉公勤政，毋蹈贪黩"。郑氏子孙深知"成由勤俭败由奢"的道理，因此在《郑氏规范》中重点突出了戒贪戒欲的观念。在一百六十八条家规中，有关戒奢者达十七条之多，反复告诫郑氏子孙：家业之成，难如升天，当以勤俭朴素为准绳。如《郑氏规范》第八十八条明言："子孙出仕，有以赃墨闻者，生则于《谱图》上削去其名，死则不许入祠堂（如被诬指者，则不拘此）。"子孙在任官员期间，有贪污受贿、臭名远扬者，生前则在《谱图》上除名，死后不许入祠堂。从宋、元到明、清，郑义门出仕者一百七十余人（明代出仕者近五十人，官位最高者至礼部尚书），令人惊叹的是，这些出仕的郑氏子孙中竟没有一人因贪墨罢官，由此可见《郑氏规范》深入人心。

《郑氏规范》对进入仕途的子孙格外重视，从情理和家法上提出双重的严格要求。如《郑氏规范》第八十七条规定："子孙倘有出仕者，当早夜切切以报国为务。忼恤下民，实如慈母之保赤子；有申理者，哀矜恳恻，务得其情，毋行苛虐。又不可一毫妄取于民。若在任衣食不能给者，公堂资而勉之；其或廪禄有余，亦当纳之公堂，不可私于妻孥，竞为华丽之饰，以起不平之心。违者天实临之。"出仕为官的子弟须时刻谨记报国之心，关怀体恤黎民百姓。对鸣冤求助的百姓要有哀悯恻隐之心，务必访查真情，而不是苛刻虐待，更不可妄取百姓血汗钱。子弟在任若衣食不能自给，公堂则给予资金补贴；

215

俸禄除衣食费用之外还有节余的，则须交纳公堂，绝不可私予妻子儿女，置办华丽的服饰，让其他人产生不平之心。

郑义门是中华民族传统大家庭的一个缩影，体现着中华民族独有的"家国同构"观念：国与家紧密相连而不可分离，治国从治家开始，即所谓"欲先治国者，必先齐其家"。郑氏家族鼓励家族成员进入仕途，参与国家治理，同时要求为政廉洁奉公，遵守法律。《郑氏规范》是儒家齐家治国理想的具体实践，在中国家训史上具有典范的意义。其中有关治家、教子、修身、处世的训诫，以及颇具特色的教化实践，对中国古代家族制度的巩固发展、儒家伦理的社会化和生活化，都产生了不小的影响。如明人倪谦受吴氏所托作《吴氏家训》，共十二条，内容涉及祠堂、祭器、田产、家宅、乡党、宗族、饮酒、蓄妾等，均深受郑义门影响，且明言"特承祖宗之遗意，立久远之常法，所以绵宗祀而统族人。刻石祠堂前，凡我子孙，永为遵守。使吾家与前义门之盛，同称于世，斯不负为吴氏贤子弟"[①]。

（二）胡则后裔《胡氏家训》

胡则（963—1039年），字子正，婺州永康（今浙江永康）胡库人。端拱二年（989年）进士，为官四十余年，清正廉洁，心系百姓，做了许多利国利民的实事。衢、婺两州百姓深感其恩，立祠祀之，尊为"胡公大帝"。自宋代以来，胡公信

---

① 转引自周芳龄、阎明广编译：《中国宗谱》，中国社会科学出版社2008年版，第51页。

仰就遍布浙江各地。胡则不仅严于律己，还重视对子孙后代的培养。晚年时，与弟胡赈共同创制胡氏家训，为后世子孙所传承发展，至清乾隆十二年（1747年）形成系统的《胡氏家训》。

千余年来，胡则后裔秉承着先祖的优良家风。历代胡氏子孙奉守《胡氏家训》，并加以发展完善，自觉遵守。《胡氏家训》是胡则后裔凝聚家族、规范后人、为人处世的行为规范，也是胡则后裔家风文化的灵魂所在。家训激励子孙崇德向善、兴家报国。据史料记载，胡则后裔进士及第者五十四人，仅永康胡库村，明清时期就有将近二百人考取功名。胡则"为官一任，造福一方"的精神被胡则后裔代代相传，成为中华民族优秀传统文化中的一个组成部分。胡氏后裔支系较多，其家规家训内容列举如下：

《库川胡氏宗谱》之胡氏家规。《库川胡氏宗谱》中的家规主要分九部分：第一，家规告诫胡氏族人积善兴家，在家讲求孝悌，为人处世要仁恕，不能作恶；第二，家规强调"万恶淫为首，百善孝为先"，告诫族人要孝敬父母；第三，家族成员无论娶妻还是择婿，要以品德为先，而不能贪图富贵；第四，族人应该对祖宗祠宇、坟茔多加修葺；第五，家族成员绝不能沾染赌博习气，沉迷酒色，奢侈浪费，败坏家业，不可惹是生非，游手好闲，欺凌弱小，更不能触犯刑律，而应在各自的工作中勤勤恳恳、兢兢业业，秉承勤俭持家的优良传统；第六，重视族人的文化教育，"为人者至乐莫如读书，至要莫如教子"，家族成员无论资质如何，都应该多读书；第七，做任何事情都应留有余地，不能贪求无度；第八，告诫胡氏族人修身养德，多结交正人君子；第九，家族成员为人处世当以忠孝、仁义、诚信为宗旨，凡事以家国为重。

《华溪胡氏宗谱》之胡氏家规。《华溪胡氏宗谱》中清塘下（铁店）胡氏家规立于明崇祯九年，分为敦孝悌、守忠信、笃勤俭、守清白、禁奸淫、禁非为、禁欺诈、禁虚伪、修和睦、禁争忿、禁赌博、禁欺凌、禁樵牧祖坟山等十三条。主要内容是告诫胡氏族人积极行善，团结和睦。家规重视血缘亲情，如"恩莫大于父母，情莫切于兄弟"，要求胡氏后裔严格遵从孝悌礼仪之道。家规中"由俭入奢易，由奢入俭难"，要求后人勤俭持家，不奢侈浪费。"诚则致祥，狡则致祸，自古以来未有伪而得善者，凡我子孙永宜蹈矩，有犯此禁者责之于庭，削其名于谱。凡人有谋于我者当尽心以尽其事，友之有托于我者当无宿诺以践其言"，告诫胡氏子孙为人真诚，信守诺言。"吾家本寒族，世以清白相承。人情之戾莫不起于争，大谋之乱莫不起于争，自古以来未有争而不忿，忿而不争者。凡我子孙永宜戒斯二者，以成一团和气"，则是将清白做人作为家族立世根本。

《山西胡氏宗谱》之胡氏家规。《山西胡氏宗谱》中永康山西村胡氏家规约立于明代，就冠、婚、丧、祭、孝、悌、忠、信、礼、义、廉、耻、勤、谨、和、缓等制定了详细的要求，令子孙严格遵守，施用于日常生活。冠礼可知成人之义，男女婚嫁看重贤德。认真对待丧礼和祭礼，以表达对逝者和祖先的尊重。家规还要求胡氏子孙孝敬父母，善待兄弟姊妹，为人尽忠心、讲诚信、懂礼法、明大义,如此才可在社会立足。同时,家规还告诫必须廉洁奉公,不做可耻之事,在各行各业中都勤奋诚恳,不荒废无度。在勤奋的同时,做事不可焦躁猖狂,须循序渐进,缓缓图之。家族后裔还必须谨言慎行,团结和睦,绝不能败坏家族名声。

《官川胡氏宗谱》之胡氏家规。《官川胡氏宗谱》中永康官川村胡氏家规立于清康熙年间,分为十部分内容:第一,家族成员要孝敬父母、善待兄弟,不能徇私枉法、游手好闲、沉迷酒色;第二,家规告诫胡氏后裔要多多行善,振兴家族;第三,家族成员同气连枝,"尊卑有别,长幼有序",不能欺负族内贫贱之人,而应该互相扶持;第四,兄弟伯叔分家产时要讲究公平;第五,家规重视启蒙教育,父母兄长应该尽教导之责,使族内成员都能从事正当行业;第六,家族成员之间贵贱、贤愚各不相同,应该各安本分,不能仗势欺人、趋炎附势;第七,家族成员中如有人无钱嫁娶,或是没钱安葬,需要加以救济;第八,家族成员之间如果出现矛盾纷争,需要听从家长以及族中贤明之人的和解之词;第九,家规对家族成员的嫁娶之事加以约束;第十,家族成员与其他人往来也需恭敬有礼。

《峰川胡氏宗谱》之胡氏家规。《峰川胡氏宗谱》中永康峰川村胡氏家规立于清光绪年间,除总引之外,分为祀典、家长、乡宴、买卖、士习、务学、笃行、惩忿、戒惰、谨言、睦族、敦崇孝悌、扶直正气、旌奖贤能、完纳粮税、弥除贼盗、戒禁嫖赌、周济贫乏等十八条规定。家规对胡氏后裔为人处世、守法知礼、勤奋工作等方面都提出了期望，告诫子孙恪守家规，方可使得家族兴旺繁盛。

《溪岸胡氏宗谱》之胡氏家规。《溪岸胡氏宗谱》中永康溪岸村胡氏家规立于清乾隆年间，分为孝父母、友兄弟、和室家、睦宗族、训子孙、笃姻亲、慎交友、恤邻里、肃闺门、严家法等十条规定：第一，家规告诫胡氏后裔必须孝敬父母；第二，兄弟之间应当同甘共苦，不能相互欺凌；第三，夫妻之间应当和睦相处；第四，宗族成员之间应该讲求和睦，稳固彼此情谊；第五，要加强对子孙的教育，让他们学习儒家经典，以便将来成才，光宗耀祖；第六，亲戚之间应当友善相处，若他人遇到困难，应当伸出援助之手；第七，家族成员交友需谨慎，多结交正人君子；第八，邻里之间应当守望相助，不能做损人利己之事；第九，家族成员要肃闺门，振兴家道；第十，家法应当严格，使后裔能够认真遵从，方可保身守家、光耀门楣。

以上各支系的《胡氏家训》，均强调修身、齐家、治国等方面，不难看出中国传统儒家思想的影子。《胡氏家训》的主要价值在于：

一是修身之道。《胡氏家训》重视胡氏后裔个人的修养，如"家道盛衰，皆系于积善与积恶而已""家有盛衰，系乎人之善恶""人有喜庆不可生妒忌心，人有祸患不可生侥幸心"等警句皆是告诫后裔子孙要分清善恶，多积德行善，方可振兴家族。同时提出"世以清白相承""水木本源，尽同一气，近而兄弟，远而族人"，教导胡氏后裔要和睦相处。

二是为官之道。《胡氏家训》将个人利益与家族利益、社会利益、国家利益紧密地联系在一起，如家训中的"为官心存君国""为官当以家国为重，以忠孝仁义为上""先忧后乐，鞠躬尽瘁""为官必勤而职守不懈、政事以修"等句便是对胡则"为官一任，造福一方"精神的继承与发展，体现出胡氏族人崇高的家国情怀。

三是崇学之道。《胡氏家训》重视对胡氏后裔的文化教育，如"为人者至乐莫如读书，至要莫如教子""蒙养宜端，为父兄者当延师督学，毋令游旷，教育成材，为本宗光""子孙虽愚，经书不可不读，即使冥顽，总有开悟之时""不学无术，古人所警，凡人佩一经之训，虽不及黼黻皇猷而羹墙，贤圣学中，自有佳趣，安可怠荒以虚岁月，而甘居人下也"等，反复说教，督促子孙崇学成才。

胡则后裔奉家训之诫，营造出廉洁、敬业、和谐的良好家风。历朝历代为官的胡则后裔秉承廉洁奉公的理念，出现了一大批有实干精神、利国利民的官吏。

（三）陈亮后裔《陈氏家训》

永康林源陈氏为陈亮后裔，素来以先祖陈亮为荣，恪守祖训，兢兢业业，延续千年，枝繁叶茂。陈氏现存家规为明代天启年间二十四世孙陈文宪所整理，内容翔实完备，为陈氏后人所遵守。这里择数条如下：

> 春秋会祭之日，各房各以其本派祖宗神主，整聚本祠，一齐受祭。祭毕，家长坐于堂上，宗子各排立

堂下，击鼓二十四声，令子弟一人立于堂上，高唱叫：听、听、听，凡为子者，必孝其亲；为妻者，必敬其夫；为兄者，必爱其弟；为弟者，必恭其兄。听、听、听，毋徇私，以防大义；毋怠惰，以荒厥事；毋纵奢侈，以干天刑；毋听妇言，以间和气；毋为横逆，以扰门庭；毋耽曲糵，以乱厥性。有一于此，既殒尔德，复隳尔允。睠兹祖训，实系废兴。言之再三，尔宜深省。再击鼓一通，读男训：听、听、听，人家盛衰，皆系积善与积恶而已。何谓积善？居家则孝悌，处事则仁恕，凡所以济人者皆是也。何谓积恶？恃己之势以自强，克人之财以自富，凡所以欺心者皆是也。是故，爱子孙者遗之以善，不爱子孙者遗之以恶。《传》曰：积善之家，必有余庆。积不善之家，必有余殃。天理昭然，各宜深戒。再击鼓一通，读女训云：听、听、听，家之和与不和，皆系妇人之贤否。何谓贤？事舅姑以孝顺，奉丈夫以恭敬，处妯娌以温和，待子孙以慈爱，如此之类是也。何谓不贤？淫恶妒忌，恃强凌弱，摇鼓是非，纵意徇私，如此之类。是以天道甚近，福善祸淫，为妇人者，不可不畏。行毕，长幼皆次序坐席，燕饮六七行，议其族间礼义之所当行者行之，善者劝，恶者惩，以警将来。

孝义勤俭为之四宝，酒色财气为之四贼。苟能守其宝,而防其贼,则可以立身成家,显亲扬名矣。为人者,可不知之慎之者乎?

子孙能读书,观其器识,可以习儒出仕者,当量其厚薄,以资勉之。若贫乏其家,有不能给者,家长当众议资其束修灯火之费,以助教之。既仕,当奉公勤政,毋贪污,以忝家规。亦不得恃贵自尊,以骄宗族,违者以不孝论,谱即削之。

子孙博赌、戏娼之类,及一应违于礼法之事,房长当闻于家长,度其不可容,会众罚拜以规之,但长一年者,受三十拜。又不悛,则会众而痛棰之,又不悛,则告官而绝之,仍告于祠堂,于谱图上削其名,能改则复之。

《陈氏家训》开篇就强调要尊敬祖先,要有敬畏之心,祠堂之地供奉先祖,不得私用。祭祀之时要心怀恭敬,不得有失礼之处,否则就要受到责罚,这是陈氏家规庄重严谨的体现。第一条家规是陈氏先祖对后人的谆谆教诲,读之令人倍感振奋,仿佛置身于陈氏祠堂之中,一起见证了陈氏后人共念家规的盛景。第一通击鼓之后,陈氏子弟高唱祖训,要做到孝敬长辈、夫妻和睦、兄弟相亲。第二通鼓后,再次高唱,为人处世不能徇私、不能懒惰、不能放纵奢侈、不能偏听妇言等。第三通鼓后,再读男训,告诫子孙家族兴衰取决于日常积善还是积恶，进而阐述何谓积善，何谓积恶。男训念罢再击鼓一通，诵读女训，告诫陈氏女子，家庭和睦与否皆取决于妇人贤否，对何谓贤、何谓不贤都有所阐释。抛开别的不论，只此一条家规就可见陈氏先人的过人之处，对于教育晚辈成才有着自己独特的见解。

家规强调"孝义勤俭为之四宝，酒色财气为之四贼"。孝道、仁义、勤劳、节俭是"四宝"，只要子孙能够守住"四宝"，防止"四贼"，就能够成才成家，光耀门楣。

关于人才培养，家规中指出家族内有能读书者，则要重点培养，同时能读书者中有因家贫而不能继续的，家族要对其进行帮助，共同资助其读书。如果能够出仕则要勤政爱民，不得贪污以致有辱家门。同时强调不能因此"恃贵自尊，以骄宗门"，有犯此者，剔除出家谱。

《陈氏家训》只有十二条，但处处可见忠孝仁义之精神。"孝义"二字贯穿始终，先人教诲犹在耳，许多家规时至今日仍熠熠生辉，其精华部分不仅值得陈氏后人去尊崇传承，同样值得我们大家去学习、感悟。

(四) 徐侨家族《徐氏家范》

徐侨（1160—1237年），字崇甫，号毅斋，婺州义乌（今浙江义乌）人。南宋著名的理学家，曾任安庆知府，为官清廉，抚恤百姓，训练士兵，积极抗金。《宋史》称赞说"若其守官居家，清贫刻厉之操，人所难能也"。徐侨为官清廉，除受理学思想浸润外，还离不开良好的家庭环境影响。义乌佛堂桥西徐氏家族，门庭显赫，子孙兴盛，长盛不衰，有赖于《徐氏家范》。《徐氏家范》由十二条家规组成，虽不如浦江郑义门之家训繁杂，但条条精辟到位。

《徐氏家范》第一条直接点明家训在家常伦理方面的参照楷模："居家正伦理、笃恩义，无过于司马氏《家仪》与《郑氏家规》，略录数条于左，子孙宜熟味之。"告诉徐氏子孙注重伦理、恩义，认为司马光《家仪》与浦江《郑氏家规》在治家方面最为有效，可作为参照。《徐氏家范》摘集其长，以为己用。

第二条主要是对家族管理者提出相关要求，以规范、约束家族中的掌权者："为家长者，必秉公执直，谨守礼法，以御族众。一言不可妄发，一事不可妄为，至于剖决是非、分其曲直，务宜和解，毋得徇私偏见，以至与讼。"族中家长，由全族选出的德高望重之人担任。家长管理族人，要遵守礼法、秉公做事，切不可胡言乱语、肆意妄为；分析裁决是非曲直，一定要注意调和解决，而不能徇私枉法，更不能闹出官司。在这条家训的要求下，徐氏族人普遍养成了公正公平的处世之道。

第三条规定禁奢华、忌浪费："通族庆吊之礼，悉遵文公《家礼》而行，须称家之有无，禁止奢华、裁减滥费。"要求徐氏家族操办红白大事应遵循朱熹《家礼》，量资而行，不可奢华、浪费。

第四条则是对立继的规定："立继须择本宗，或当继，或应继，或爱继，不许乱族。"立继非小事，慎重立继，可保全家业，有利于家族发展。

第五条至第九条都是对家族后辈的告诫。第五条："诸卑幼事无大小，必咨禀于父兄而后行，毋得自专自是。"即族中后辈处理大小事务前，须向家中长辈汇报，不能擅自主张。第六条："为子弟者，不可以富贵势利，加于父兄宗族及乡党。"即家族子孙不能仗钱势欺人。第七条："为人子者，出必告，反必面，所游必有常，所习必有业，有宾客不可坐于正堂，上下马不可当门，宜自幼教之。"讲明子弟行止之道，出入向父母汇报、游必有常，即《论语》中孔子所说"父母在，不远游，游必有方"。第八条："父母舅姑有疾，子妇无故不离亲侧，寝不解衣，色不满容，专以迎医检方、汤药先尝为务，疾愈，方可理家务。"规定子孙、媳妇在父母、公婆患病时悉心照料，无故不得离开，及时请医开方，熬药先尝，等病好后再去处理其他事务，这是对"百善孝为先"的阐释。第九条："子孙当恂恂孝友，见兄长坐必以起，行必以序，应对必以名，毋以尔我，进退言动，务在循理。"要求子孙做到兄友弟恭，进退言动合乎礼法，得体有序。

　　第十条与第十一条主要是关于家族招待宾客的规范。徐氏一族重视待客之道。第十条："凡宴会，不许沉酗杯酌、喧哗鼓舞以谑宾客、以慢尊长，不当强人以酒，亦不得引进娼优取乐以失礼统。违者，家长面叱之。"要求族人在宴会上不能酗酒、喧哗嬉闹、戏谑宾客、怠慢长辈，更不能叫歌妓取乐。第十一条："陪侍宾客，语言须要从容，客有问，必从长者对，幼者不问及不敢对，毋得高声直撞、酒后戏谑，违者父兄戒谕之。"要求族人在招待客人时，要言语得当、从容，后辈不能抢长辈的话说，不能高声大叫、横冲直撞，酒后发狂。

最后一条是关于祖宗祭祀的要求："祠堂以奉先世神主，春祀秋尝，所以报本也，为子孙者当知自一本而分，尊祖敬宗不忘先德，则后日子孙亦尊敬尔辈为祖宗矣，勉之思之。"告诫族人不忘先人的功德，学会换位思考，这样自己作古后才能得到子孙的尊敬。

纵观《徐氏家范》十二条，对传统社会"五伦"中的父子、夫妇、兄弟、朋友关系都有相应的规定，既面面俱到，又言简意赅，字句间体现着对子孙的慈爱与期望。将《徐氏家范》十二条与徐侨一生相比照，不难发现，《徐氏家范》正是对徐侨一生闪光点的最好提炼。

七、商贾家训

"商贾"是来往各地贩售"行商"与有固定营业场所"坐贾"的统称。宋元以前，在"重农抑商"思想的影响下，商人地位低，在家族中往往不被重视。商贾家训是随着社会经济的发展和商人地位的变化而逐渐发展起来的。两汉时期，大地主、大商人出身的樊宏以外戚身份被史书记载下其家教思想，但主要体现的并非商贾对后代的教育思想。

宋元时期的家训中开始出现重视治生的家训，如《石林治生家训要略》，这是"中国传统家训发展史上第一次专门就'治生'问题对家人进行教化的家训著作"[①]，虽然仍未脱离士

[①] 徐少锦、陈延斌：《中国家训史》，陕西人民出版社2003年版，第444页。

为四民之首的偏见，却坦然承认商也有自己的治生内容："贸迁有无，商之治生也。"

  宋元尤其明代以后，随着"抑商"政策削弱，商品经济迅速发展，人们的从商观念也逐渐改变。在此背景下，商人的地位不断提高，开始凭借雄厚的经济实力，越来越多地参与家族事务。在他们的影响下，更多家族成员从事商业，以致有些家族逐渐转型为商业家族。这些家族利用宗族势力经商，迅速聚集和扩大商业资本，大大节约人力、信用成本，有效扩大市场网络，因而具有较强的商业竞争力。① 明中期以后，势力强盛的山西商帮、徽州商帮、洞庭商帮、宁波商帮等地域商业集团，都是在商业家族的基础上兴盛起来的。

  商业家族为了保持其竞争优势，有意强化宗族关系，通过修宗祠、家谱等活动增强家族凝聚力——这是明清家谱数量剧增的一大原因，而这种意图也较明显地体现在了这些家族的族规家训中。明清时期宁波蛟川郑氏、镇海包氏、慈溪项氏、四明史氏，上海黎阳郁氏，温州海城蒋氏、黄塘周氏、象山凌氏、乐清仇氏、雾溪高氏，福建漳浦赵氏等家族的家谱中都记载有家训的相关内容，成为传统家训中最具有现代气息的一部分。在商业家族的家训中，通常既包含了修身、治家、处世等常规内容，又体现了商业家族的特色。这里主要对后者进行论述。

---

① 范金民：《横看成岭侧成峰——明清地域商帮的共性》，《传统中国研究集刊》第12—13合辑，上海社会科学院出版社2015年版，第161页。

(一) 商贾家训往往强调灵活、务实的择业观

清纪大奎的《敬义堂家训》说"世间农工商贾都是真的，士却大半是假的"①，因此主张农、工、商皆为治生之正途，肯定工商业的重要性。而商贾家训强调"专心于工商业而不犯法，不损人利己者皆为好子弟"的观念，对"治生"有独特的理解，尤其表现在其择业观上。

一是承认人的差异，主张因才择业。商贾家训中往往教育族人要承认天分的差异，量力而行，能"治生"即是好子孙。虞山史氏家训教育子孙"凡人治生为急，士农工商所业不同，生理则一，为父兄者，量子弟材质而教之"②。乐清雾溪高氏家训则提出"凡人之生虽智愚不齐，强弱等异，莫不择一业以自处"，只要因才择业，就能"农服先畴，工利器用，商通货财，各尽乃职，各世其业"。③洞庭东山沈氏家训要求"凡子弟到了十六七岁，看其资质，不能读书，农工商贾，必习一业"④。

二是强调读书经世致用，不执着于科举。商业家族中虽也强调读书的重要性，但并不把科举作为读书的唯一目的。徽州绩溪高氏祖训指出：四民皆应读书，"不读书则不知礼义，故凡为农、为工皆当读书。虽不望成名，亦使粗知礼仪，不至为

---

① 楼含松：《中国历代家训集成·清代编》，浙江古籍出版社2017年版，第5771页。
② 民国七年《虞山史氏续修宗谱》卷一《宗规》。
③ 民国三十五年《雾溪高氏宗谱》卷首《宗规》。
④ 民国二十三年《洞庭东山沈氏宗谱》卷首《迩言家训》。

非"①。洞庭东山金氏家训也说"读书原不专为举业，希图出身"，让资性迟钝的人读书，只是为了让他明白道理，知道利害，学做好人，这样即使从事商业，"在商贾中亦自令人起敬"②。可见，这些家族已经明确把读书与科举分开，对读书意义的理解非常通达。

　　三是秉承"工商皆本"思想，提倡从事商业。四民之业士、农、工、商原本有本末之分，农为本，工商逐末。而到了明清时期，学者颇肯定工商从业者的社会地位，如浙东学派黄宗羲提出了"工商皆本"思想。以商起家的商业家族对"工商皆本"的思想最易接受，在家训中常有表现。一些家训有意淡化本末，强调四民之业都是本业。休宁宣仁王氏家训就主张"士农工商，所业虽别，是皆本职，惰则职惰，勤则职修"③。休宁黄氏家训也说"四民所业不同，皆是本职，堕则废，勤则修"④。镇海沙氏族规也明确了"士农工商，各专一业，亦贤子孙"⑤。另一些家训则淡化农本思想，特意强调工商地位。明隆庆年间祁门《文堂乡约家法》说："人生在世，须是各安其命，各理其生。如聪明便用心读书，如愚鲁便用心买卖，如再无本钱，便习手艺，及耕田种地，与人工活。"⑥

　　在这些商业家族看来，经商显然是优于务农的选择。镇海

---

① 光绪三年《梁安高氏宗谱》卷十一《高氏祖训》。
② 康熙二十五年《橘社金氏家谱》卷六《桐溪公家训》。
③ 万历三十八年《休宁宣仁王氏族谱》卷六《谱祠·宗规》。
④ 乾隆三十一年《古林黄氏重修族谱》卷首下《祠规》。
⑤ 光绪十三年《蛟川沙氏宗谱》卷上《世范》。
⑥ 隆庆六年《文堂乡约家法》卷首《序》。

方氏宗规也专门提倡工商："百工商贾各宜专守本业。工能专门名家不惮辛勤，商能懋迁化居不辞跋涉，皆可兴家立业。"①这种提倡从事商业的做法与社会上从商观念的改变有关，同治年间宁波方氏家训就提到当时"人不知农为本业，反以为贱，而不肯为此"②，商业与农业"本""末"地位甚至发生倒置。

（二）商贾家训特别重视"联宗收族"

商业家族需要通过宗族管理来凝聚家族商业力量，因而家训中常强调联宗收族。例如徽商，随着商业实力壮大，大量宗族成员外迁，如何保持宗族力量的集中是关乎宗族存续和宗族产业发展的重要问题。徽商的做法是"奉先有千年之墓，会祭有万丁之祠，宗祐有百世之谱"③，即用祭祀、宗祠、宗谱等形式将族人紧密联系起来。实际上，几乎所有商业家族都采取同样的做法维系家族，家训中特别重视"修祠""修谱""祭祀""睦族"等方面内容。

修祠。商贾家训中往往强调宗祠的修建和维护。对于商业家族来说，宗祠之所以重要，有两个原因：第一，它是宗族集体活动的场所，有助于强化宗族归属感。绩溪华阳邵氏家规进行了说明："《家礼》云：君子将营宫室，宗庙为先。盖宗祠之建，所以妥先灵而萃族涣⋯⋯若不建不修，则冠、婚、丧、祭之礼无自可行，同派连枝之属无地以会。"④ 有了宗祠，宗

---

① 民国四年《镇海柏墅方氏重修宗谱》卷十三《宗约》。
② 民国四年《镇海柏墅方氏重修宗谱》卷十三《宗约》。
③ 乾隆《绩溪县志》卷首《原序》。
④ 宣统二年《绩溪华阳邵氏宗谱》卷十八《家规》。

族中祭祀祖先、婚丧嫁娶等一系列活动就有了场所，这些集体活动可以大大增强宗族凝聚力和控制力。正如歙县城东许氏家规所言："宗祠之建，本为妥先灵而奉祭祀，因以合族也。"①第二，对于这些商业家族来说，祠堂不仅是安放祖宗灵位、进行宗族活动的场所，还是宗族商人聚会、议事的场所。如对于徽商来讲，宗祠就是徽商会馆的雏形。②因此，徽州商业家族若有"子族"迁出外地，落脚以后首先要做的事情往往是修建宗祠。

修谱与存谱。"睦族莫重于叙谱"③，商业家族认为族谱对强化家族凝聚力也有重要作用，家训中常常强调纂修族谱。乐清雾溪高氏宗规是这样阐释的："宗谱之修，乃敬宗睦族之大者，而其道尤莫于顺天理，准人情，作训词以垂教后世，使族之子孙无论士农工商，皆有所持。循斯勇于为善，尽君子而无小人，岂非所以敬祖先，厚宗族，著宗规乎？"④商业家族家训中还专门立条目规范家谱管理。休宁黄氏祠规要求"谱之所载，皆宗族父祖名号……收藏贵密，各宜珍重，以便永远稽查。如有侵污，则系慢祖，众意酌罚"⑤。休宁宣仁王氏宗规甚至规定，如损坏或者卖给族外人，要以不孝论处，宗祠和宗

---

① 光绪十五年《绩溪县南关懽叙堂许氏宗族宗谱》卷八《旧家规》。
② 唐力行：《明清以来徽州区域社会经济研究》，安徽大学出版社1999年版，第130页。
③ 康熙二十五年《橘社金氏家谱》卷六《纂训》。
④ 民国六年《雾溪高氏家谱》卷首《宗规》。
⑤ 乾隆三十一年《古林黄氏族重修族谱》卷首下《祠规》。

谱要削名。①

祭祀。祭祀是宗族中最重要的集体活动，家训中往往严格要求子弟遵循祭祀规范。洞庭严氏宗规要求"祖庙与各支支祠祭祀有定期，祭品有定例，在山子姓必须与祭，不得无故不到。祭时依照字辈排班，毋得任意前后，随同主祭者遵照祭祀礼节行礼，务须衣冠齐整，升降拜跪必诚必敬，切戒失仪"②。乐清仇氏家训规定尊祖必须重视祭祀，"二分二至，必不可少。此外如正旦、寒食、端阳、中元、重九、除夕诸大节，不必拘礼仪之丰腆"③。徽州自明代中期后，联宗祭祖成为主要的祭祖形式，这可以在更大范围内实现宗族的联合。而且规定极其严格，如歙县新馆鲍氏规定"祠祭日，凡派下子孙在家者，俱要齐集。如无故不到者，罚银三分"④，绩溪明经胡氏则规定，如果不祭祖先将会受到"革出，毋许入祠"的处罚⑤。

睦族。相对其他家族，商业家族内部更易发生经济纠纷，因此家训中往往提出种种要求以消弭族内矛盾，维系族人感情。最常见的内容是"息讼"。族人一旦发生争端，首先要忍让，次之由房族长调节，不到万不得已，不对簿公堂。苏州张氏家训特别提出族人不应"因财产致争"，或因其他缘由互相疏远。⑥ 海城蒋氏《二南公家训》指出："伯叔兄弟，本出一

---

① 万历三十八年《休宁宣仁王氏族谱》卷六《谱祠·宗规》。
② 民国二十年《六修洞庭安仁里严氏族谱》卷一《宗规》。
③ 民国二十八年《乐清仇氏大宗谱》卷一《族规》。
④ 光绪元年《歙新馆鲍氏著存堂宗谱》卷三《祠规》。
⑤ 宣统三年《绩溪上川明经胡氏宗谱》下卷《新定祠规》。
⑥ 民国二十年《苏州张氏家谱》卷一《家训》。

脉，倘有是非，切勿深较，谊美思明，各尽其理。"① 徽商明经胡氏族规要求"族内口角，无论亲疏，均系一脉，必先经房族长公同照理调处，免伤和气。毋徒逞一时之刃，不顾同宗之义，遽尔辄兴讼端"，并且认为息讼是"维系吾族利益之紧要"。② 此外，许多商贾宗族要求族人相亲相爱，救济贫弱。场桥黄氏"睦宗族"条认为："同为族姓，实共派流。枝叶无害，发荣有由。亲亲获吉，长长迈休。体恤穷困，恩爱侣俦。仁还及远，谊岂忘周。昭穆成列，幸无怨尤。"③ 苏州张氏也要求族人："冠婚丧祭，宜相庆吊，岁时伏腊，宜相聚会，贫穷困乏，宜相周恤，至遇孀孤，尤宜关切，不可视宗族若路人然。"④

事实证明，家训中这些举措成效十分明显，在商人的有意主导下，家族凝聚力甚至可能被彻底重塑。如浙江镇海虹桥朱氏，原来以耕种晒盐为业，彼此联系并不紧密。然而"光绪末，有以航海及列肆起家者，对修祠、治谱为力尤钜，雍雍穆穆，合一族如一家"⑤，家族重新凝聚为一个整体。商业家族通过联宗收族，不断增强家族凝聚力和商业实力，此后再利用姻亲或地缘关系不断扩大势力，形成某些行业内的垄断力量，并最终形成实力强大的地域商业集团。

---

① 民国三年《海城蒋氏宗谱》之《家训》。
② 宣统三年《绩溪上川明经胡氏宗谱》下卷《新定祠规》。
③ 民国八年《瑞安江夏郡场桥黄氏宗谱》卷首《家训》。
④ 民国二十年《苏州张氏家谱》卷一《家训》。
⑤ 民国二十三年《镇海朱氏运石浦宗谱》之《家乘琐记》。

(三) 商贾家训中有专门归纳贸易经验的内容

在一些商业家族中，从商人员已经占据相当大的比例，为培养子弟的职业能力，有些家族会在家训中专门开辟出一个门类，讲授从商经验。如洞庭东山沈氏《迩言家训》中就有"货殖类"这个专门类别，详细向子弟传授行商伴侣、雇船、雇牲口、投行、买卖等方面的经验。其中，"行商伴侣"和"买卖"分别传授子弟寻找贸易伙伴的技巧和买卖交易时的注意事项，具体如下：

行商伴侣：凡为商者，携本觅利，戴月披星之劳苦，风波盗贼之惊忧，非易事也，必能识时务，知经典，明地道，然后可以出门。本多者，当用在行伙计，能干仆从，相辅而行。本少者，必偕老江湖，作伴而走。若偕奸贪者，恐其侵渔；凶暴者，恐其祸端；奢侈轻浮者，恐其引贼；嫖赌淫邪者，恐其败事。近朱者赤，近墨者黑，伙伴可不谨哉！

买卖：买卖须知道地，宁贵价而买好货。脱货须知去路，切莫板价齐行。银入贫人之橐，虽善讼，亦难追。取货放非人之手，纵势力，也难索。清空客劝卖，必是等银补空。别行借货，须扯拽移挪。背后讲盘有弊，当场唱价无欺。守己不贪终是稳当，利人所有一定遭亏。临财无苟，记账要紧。不识莫实，在行

235

莫丢。斯为商之大概也。①

吴山周氏族谱家训《恒言十则示士远》十条规范中有五条涉及贸易内容，其中一条也是教子弟如何寻找正确的贸易伙伴：

> 既为贸易，相与者不一，不可不知好歹，一概滥定。若真诚忠厚、才识兼具者，须敬之亲之，着意教之。若见虚化浮泛，以油滑为在行，克薄为节节，甚至诱人赌博，拉人游宴，往往丧身败家，后悔无及，此等之人，当远之疏之，但须不恶而严，不可使之怀恨。②

佛山霍氏家训则有《商贾三十六善》，将从商道德、行商技巧、买卖注意事项、其他行为规范等都进行了总结：

> 出入公平，不损人利己。粗衣淡饭，无过分。等秤平色，勿昧本心。率妻子，以勤俭朴实。交易一味和气，不成则已。买卖先计子母，不卖违禁私货。衣帽本分，不刻意求行伍。不进香赴会，不交结营兵、衙役为护身符。三朋四友，不浪游。兢兢业业，做守

---

① 民国二十三年《洞庭东山沈氏宗谱》卷首《迩言家训》。
② 《吴江周氏族谱》之《家规》，转引自王卫平、李学如：《苏州家训选编》，苏州大学出版社2016年版。

法良百姓。见官长谨饬小心，不敢放肆。使唤老实苍头，敬读书人。不因一时货缺，便高抬时价。遇横逆之来，从容理直，勿斗勿争，不漏税。远行不夜饮，无事时捡点货物经营账目。量力施舍孤贫，和睦街邻。早起晚睡，不入赌博场。供子弟读书，不借债妄为。不信邪说浪费，不宿娼饮酒。不看戏，不看曲书。与老成本分人往来，不扳援贵介。家常不衣绸绢等物，见人谦恭有礼。不罗织衙门事，像个生意买卖人。人有遗失金钱，及数目算讹，价值溢出，即与退还。接引寒士，敬重父母官，修补桥梁道路，不轻改祖宗坟墓。婚葬不给者，量力周济。入里门，下车拱揖，不忘穷措大模样。①

(四) 商贾家训中体现商业伦理规范

商人天性逐利，对于商业家族来讲，要克制对"利"的追逐，取得"利"与"义"的平衡，才能实现家族事业的长久发展。商贾家训中通常会结合商业实践教育子弟遵循"义""和""俭"等商业伦理规范。

其一，以义制利。一些家训主要从道德高度要求子弟要讲信义。如晋商榆次车辋《常氏家训》有"持义如崇山，杖信如介石""凡语必忠信""凡行必笃敬"之语。一些家训则通

---

① 道光二十八年《重修南海佛山霍氏大宗族谱》卷二《霍氏家训同善录》。

过分析生意短期利益与长期发展关系来劝诫子弟。如海城蒋氏家训规劝族人把握好义、利的平衡，"义中之利，时取不妨。刻苛盘算，必招怨谤。各宜平情，慎勿过取"①。场桥黄氏家训也要求族人经商时明利义："世人趋利，义有当然。只在可否，莫关变迁。驷千勿顾，钟万奚怜。取受皆是，虽辞不偏。吾今训尔，法古名贤。见利思义，又何愧焉。"②绍兴山阴田氏家训告诫子孙做生意若要门庭若市，就需货真价实、童叟无欺，"以义为利，不以利为利"③。

其二，以和为贵。生意人迎来送往，和气非常重要，商贾家训中也多有涉及。吴江周氏家训详解了"和"对生意的重要性："以和平为主，在外相与，性性各不相识，况财帛交关，极易相争，须平心和气，宽以待人，又不可语浪诙谐，目为随俗，须循里自重，至诚不欺，则外侮自莫能加也。"④

其三，去奢崇俭。商业家族家境富裕，子弟易铺张浪费，因奢败家者比比皆是。因此，几乎所有商业家族的家训都会教育子孙"节用""崇俭"。绩溪华阳邵氏家规告诫子孙"财者难聚而易散也，故一朝而可以散数世之储……不知有穷之积，难应大穷之费也"，要求"吾宗子弟当崇俭"⑤。商业家族的家

---

① 民国三年《海城蒋氏宗谱》之《家训》。
② 民国八年《瑞安江夏郡场桥黄氏宗谱》卷首《家训》。
③ 《山阴田氏家训》，转引自《店口历代家训家规汇编》，浙江古籍出版社2018年版。
④ 《吴江周氏族谱》之《家规》，转引自王卫平、李学如：《苏州家训选编》，苏州大学出版社2016年版。
⑤ 宣统二年《华阳邵氏宗谱》卷十八《家规》。

训中有随着财富愈增加愈重视"崇俭"的趋势。镇海方氏家族在早年所立家训中说,"勤俭者家以成立,怠荒者家以覆坠……勤则日进不已,不已则何事不就,俭则日用无靡,无靡则何物不保",不过这时家训里还强调在婚丧嫁娶礼仪上不能过分从俭,"若冠婚丧祭及礼节人情诸项亦不当过于吝啬,以适中为度"①。而到了同治间方氏立宗规时,除强调勤俭为治家之本外,更强调"其日用起居以及冠、婚、丧、祭祖须知量入为出,宁俭毋奢。慎毋浮费浪用,专事华靡,有倾覆之虞"②。同治宗规是在方氏一族凭借海洋贸易崛起以后所立,宗规内容变化表明,方氏一族在富裕起来以后,非但没有放松对崇俭的要求,反而更加严格。

总之,明清商贾家训,对商业家族乃至商品经济的发展都起到了一定的作用。正如一些学者所言,"商贾家训对我国封建商业经济的发展起到了自律作用,是对传统农业社会中不发达的经济商业法规的有益补充"③。

---

① 民国四年《镇海柏墅方氏重修宗谱》卷十三《宗约》。
② 民国四年《镇海柏墅方氏重修宗谱》卷十三《宗约》。
③ 王长金:《传统家训思想通论》,吉林人民出版社2006年版,第90页。

结语　传统家训的文化价值

党的十八大以来，党中央把家风建设提到了一个十分重要的高度。习近平总书记在不同场合多次谈到"家风"建设，指出："领导干部的家风，不是个人小事、家庭私事，而是领导干部作风的重要表现"[1]，"家庭是社会的基本细胞，是人生的第一所学校。不论时代发生多大变化，不论生活格局发生多大变化，我们都要重视家庭建设，注重家庭、注重家教、注重家风。"[2]

一、成人之道

在传统中国，家族是每个成员的天然生命场，而成员又是构成家族生命场的一分子，家族和个体成员之间互依互联形成生命共同体。一方面，家族是个体成员的养育所，塑造着个体成员的生命；另一方面，每个成员决定着家族的前途命运。家

---

[1] 《习近平主持召开中央全面深化改革领导小组第十次会议》，《人民日报》2015年2月28日。

[2] 《习近平在2015年春节团拜会上的讲话》，《人民日报》2015年2月18日。

族是个体成员的养成所，对个体成员的教育是家规家训的首要之义。

传统家训，不管是文士家训、绅商家规，还是名臣家训；不管是北方家规，还是南方家训；其共同点都是首倡立德树人的教育，重视修身成人之道。

传统家训源于家文化，其基本品格是儒家的。可以说，儒家精神是家规家训的总纲和灵魂，家规家训是儒家精神在家族层面的聚焦和落实。因此，家规家训所蕴含的教育就是儒家所提倡的自治治人、修身成人之道，可用《大学》的"格物、致知、诚意、正心、修身、齐家、治国、平天下"八条目来概括。

通过自我修养、自我教育，成为真正的人，是家族生存发展的前提和基础。家规家训对人的教育不外乎立志为学、待人接物、处世交友等方面。

"婺学开宗"的范浚非常重视立志求学的重要性。他在《养生斋记》中写道："夫人生而有知，不学则愚，愚则视不明，听不聪，思不达，虽有知犹无知也。"[①] 他曾作诗《示侄》来训示晚辈及后世子孙：

> 华颠老学似秉烛，及壮贵在勤书诗。
> 男儿不解事文笔，何异妇女留须眉。
> 予生早已度弱冠，畋渔籍素常嗟迟。

---

① 《范浚集》，浙江古籍出版社2015年版，第115页。

> 尔今年才十八九，着力钻砺诚当时。
> 胡为讲道率粗灭，浪自闲散多盘嬉。
> 或时使酒昧检束，怒骂臧获惊纷披。
> 我旁闻尔作气势，怜尔放骛如痴儿。
> 人生禀受性不恶，鞚驭要使知高低。
> 常时见尔亦逊顺，顿以狂药生尤违。
> 便当惩艾悼往失，痛戒濡首疏尊卮。
> 专心蓄力玩经笥，调护气术循绳规。
> 吾言一日可三复，勿谓浪语无资裨。①

范浚告诫族中子弟从小须将读书置于重要地位，勤读精读，提高涵养并且将学习作为终生追求。他认为人性是需要约束的，善恶的区分往往在一念之间，需时时刻刻警诫自己，提醒自己，管理自己。

《胡氏家训》十分重视对后代的教育，认为"为人者至乐莫如读书，至要莫如教子"。希望胡家延聘教师，把子弟"教育成材，为本宗光"，并且语重心长地说："子孙虽愚，经书不可不读，即使冥顽，纵有开悟之时。"也正是有了这样一种重学重教风气，胡则后裔子孙中成才者不乏其数。

《谢氏家规》希望后代"教读崇儒，凡有志，必须延明师教诲；为子弟者，必须朝斯夕斯，不可自弃自暴"②。只要不

---

① 《范浚集》，浙江古籍出版社2015年版，第250页。
② 嘉庆十一年《宝树谢氏宗谱》之《家规》。

自暴自弃，昼夜勤学，就会有所进步。

《庞氏家训》开宗明义要求子弟"以儒书为世业，毕力从之"。重视读书，但绝不希望庞氏子弟成为功名利禄之徒，认为"学贵变化气质"，修身成人。

曾国藩在《家训》中以极为通俗的口吻说，判断家族的兴败有"三看"：即第一看子孙睡到几点，假如睡到太阳都已经升得很高的时候才起床，那代表这个家族会慢慢懈怠下来；第二看子孙有没有做家务，因为勤劳的习惯会影响一个人一辈子；第三看后代子孙有没有读圣贤的经典。可见，读书和勤劳决定人的修身成才，进而影响着家族的命运。

修身成人为何如此重要呢？《大学》说："身修而后家齐"，即修身是理家之本，良好的修养是和睦家庭、治家理家的前提。《大学》还指出，人往往有这样的特点：对于自己亲爱的人会有偏心；对于自己厌恶的人会有偏见；对于自己敬畏的人会有偏向；对于自己同情的人会有偏心；对于自己轻视的人会有偏意。因此，世上很少有人既喜爱某人又能看到那人的缺点，厌恶某人又能看到那人的优点。《大学》说："人莫知其子之恶，莫知其苗之硕。"即人都不知道自己孩子的缺点，都不满足自己庄稼的苗壮成长。有了偏爱、偏心、偏见，便不能冷静客观的评价事物。既知其长、又知其短，既知其美、又知其丑的人是比较少的。对于家人，更易受偏爱和私情的影响。因此，治家理家的关键在家长自身的修养，不修养自身就不能管理好家庭和家族。正如张履祥所说："家庭之间，一言一动，当思为子弟足法。"

正是在家训的规劝和引导下，历史上许多著名的家族都衣冠乡里，支脉绵长，贤明辈出。陆九渊说："家之兴替，在于礼义，不在于富贵贫贱。"如浦江郑氏家族以礼义治家，自南宋至明代中叶，十五世同居共食，和睦相处，立下"子孙出仕，有以赃墨闻者，生则削谱除族籍，死则牌位不许入祠堂"的家规，历宋、元、明三代，长达三百余年，出仕为官者一百七十余人，无一贪赃枉法，无不勤政廉政。浦江郑氏家族如此义居，屡受朝廷旌表，被封为"江南第一家"。五代十国，钱镠平乱建立吴越国，作《钱氏家训》，提出一系列治家思想，如"能文章则称述多，蓄道德则福报厚""勤俭为本，自必丰享""信交朋友，惠普乡邻""利在一身勿谋也，利在天下者必谋之"等。在钱氏家训的熏陶下，几百年来该家族名人辈出，如清代乾嘉学派代表人物钱大昕，文学家钱基博、钱锺书父子，被誉为"三钱"的杰出科学家钱学森、钱伟长、钱三强。国学大师钱穆和钱伟长是叔侄关系，钱三强的父亲是语言文字学家钱玄同，诺贝尔化学奖获得者之一、美籍华裔化学家钱永健是钱学森的堂侄，他们都出自同一家族——"吴越钱氏"。

"积善之家，必有余庆。"流风所及，泽被后世，家是人的养成所，家训家风是教育人成才的绝佳资源，今人更要倍加珍惜。

二、齐家之道

中国社会以家族为单位，家族是人们赖以生存的根基。在传统中国，家族是一个功能泛化的"共同体社会"，家族不只

结语　传统家训的文化价值

是生活在同一屋檐下的父母和子女的"小家庭",更是一个以"父权"为中心的"大家庭"。它不仅包括纵的上至祖辈、下及子孙,而且包括横的家族、亲族(姻族)甚至整个宗族。传统家庭不仅是一个婚配单位,而且还是一个生产、教育、宗教、娱乐的单位。因此,家族塑造了中国人基本的社会关系和社会生活。中国人有极强的家族意识,都重家、重孝、重伦常关系,祖先崇拜和孝道近乎中国人的宗教,而族规家训几乎是中国人的"基本法"。家族通过祖先崇拜的宗教熏染,通过家法家礼的规训,通过和合文化来和睦亲族,团结成员。

其一,家规家训以尊祖敬长、祖先崇拜的方式凝聚家族精神。传统家族以祠堂"圣地"为中心,通过定期的祖先祭祀仪式,通过家训的宣讲、教育,使慎终追远、崇敬祖先的观念长存于每个子孙的心中。如《陈氏家规》规定:

> 祠堂以奉先世神主,不得私用。必须洒扫洁净,务要恭敬,如先神在上。不可喧笑谑言,朔望必参,生子必告,祭祀必请神主于正寝。受祭之外,毋得妄祭徼福。凡遇忌辰,孝子用素衣致祭。不许作佛事,是日不许饮酒、食肉、听乐。
>
> 祭祀所以尽报本之道,思追远之诚,务当孝敬。其或行礼不恭,离席自便,与夫跛踦欠伸,一切失容之事者,众当议罚之。

在祠堂祭祀祖先要沐浴斋戒,仪容恭敬,庄严心诚,不能

245

随便苟且，目的是凝聚家族精神，增进族人团结。钱穆说过，中国人以孝道为宗教，以祠堂为教堂。此话绝非虚言。

其二，家训家规是调节家族秩序，加强家族治理的"基本法"。如浦江《郑氏规范》规定了一套权责分明的家族治理体系，郑氏家族的掌事主要由家长、典事、和监事三人组成，分别实施决策、执行和监督的权力；家长、典事、和监事三位一体，互相监督，保证了决策的执行。家长设一人，为"总治一家大小之务"，有"惩治不肖子孙之威"。鉴于其权位之重，所以家长一般选择有守礼、奉公、诚信、孝敬品德的儒学人士担当。典事设二人，主要帮助家长审议决策。监事则选举那些端正公平的人担任。上层管理人员分工明确，保证了工作的效率。高层管理层之下又设执行层，分为十八种职务，共计二十六人，形成上下融合共通的管理网络。每个家庭成员职责清晰，尊卑长幼分明。一家之中，从家长到妇孺，分工明确：有管理家政、种植、钱粮、商务的；有管理教育、外务、防卫、医疗的；有熟读经史，擅长文学、书画、音乐的；亦有在家耕读或外出为官的，可谓非常丰富具体。从冠、婚、丧、祭到日常饮食衣服之制，从理财之经验到为人处世之道，无不作出明确规定，确保了一个庞大家族各项活动井然有序。

其三，家训家风蕴含着节俭持家的理念。传统家训中提倡节俭的章句比比皆是，其对当代家庭美德的构建价值大体可归纳为两个方面：

一方面是"俭以养德"，将节俭作为培养道德的途径。诸葛亮告诫儿子，"夫君子之行，静以修身，俭以养德"。司马光告诫儿子,"众人皆以奢靡为荣,吾心独以俭素为美……其余以俭立名,以侈自败者多矣"。难能可贵的是,不仅大臣、百姓在家训中告诫孩子要节俭,许多帝王在家训中也明确表达了类似思想。李世民告诫太子李治,"夫圣代之君,存乎节俭。富贵广大,守之以约;睿智聪明,守之以愚。不以身尊而骄人,不以德厚而矜物。茅茨不剪,采椽不斫,舟车不饰,衣服无文,土阶不崇,大羹不和。非憎荣而恶味,乃处薄而行俭。故风淳俗朴,比屋可封,此节俭之德也"。康熙认为奢侈必然引发腐败,"若夫为官者俭,则可以养廉。居官居乡,只缘不俭,宅舍欲美,妻妾欲奉,仆隶欲多,交游欲广,不贪何以给之?与其寡廉,孰若寡欲?语云:'俭以成廉,侈以成贪。'此乃理之必然矣"。上述思想对于现代家庭尤其是领导干部家庭培育勤俭节约的良好家风具有很强的借鉴意义。

另一方面是"勤劳为本",将勤劳作为家庭财富产生的前提与基础。劳动是人类生存的基础,治家亦当以勤劳为本。《颜氏家训》要求子孙亲自参与耕种劳作,做到足不出户,而谋生的条件皆已具备。陆游作诗"闻义贵能徙,见贤思与齐。食尝甘脱粟,起不待鸡鸣。萧索园官菜,酸寒太学齑。时时语儿子,未用厌锄犁",告诫儿子不要厌恶锄耕这些农家活。今天许多家庭的孩子,尤其是富家子、独生子,在家庭教育过程中往往将农活、粗活视为低等的工作,只专注于知识和文化艺术的学习,"四体不勤、五谷不分,饭来张口、衣来伸手"的现象较为普遍,传统家训中"勤劳为本"的思想对于改变这一现状无疑具有较强的指导作用。

其四，家训家风还有助于培养睦邻友好的风尚。马克思说："人是一切社会关系的总和。"父子关系、夫妇关系、兄弟关系等各种各样的关系，每时每刻影响着家庭生活。邻里关系，也是其中一项十分重要的关系。古话说，远亲不如近邻。有一个好的邻里关系，对于家庭的幸福至关重要。当今社会，随着生活节奏的加快及居住方式的改变，人们往往忽视了邻里间的沟通与交流，邻里关系淡漠的现象普遍存在。而在中国古代社会里，人们往往聚族而居，"一村为一姓"的状况相当普遍。正因如此，传统家训往往非常重视邻里关系的构建。

《袁氏世范》指出："居宅不可无邻家，虑有火烛，无人救应。宅之四围，如无溪流，当为池井，虑有火烛，无水救应。又须平时抚恤邻里有恩义。有士大夫平时多以官势残虐邻里，一日为仇人刃其家，火其屋宅。邻里更相戒曰：'若救火，火熄之后，非惟无功，彼更讼我，以为盗取他家财物，则狱讼未知了期。若不救火，不过杖一百而已。'邻居甘受杖而坐视其大厦为灰烬，生生之具无遗。此其平时暴虐之效也。"《曾国藩家训》提到"李申夫之母尝有二语云，'有钱有酒款远亲，火烧盗抢喊四邻'，戒富贵之家不可敬远亲而慢近邻也。我家初移富坨，不可轻慢近邻，酒饭宜松，礼貌宜恭。建四爷如不在我家，或另请一人款待宾客亦可。除不管闲事，不帮官司外，有可行方便之处，亦无吝也"。虽然两则家训睦邻的出发点都是为了在灾难时有邻救应，但其中提到的"抚恤邻里""酒饭宜松、礼貌宜恭"等思想对于当代构建和谐邻里关系具有较强的借鉴意义。

三、治国之道

家规家训为什么如此看重家族治理呢？这是因为家族的和谐有序是国家和谐有序的基础，家族的管理能培养人的管理才干。《大学》说："家齐而后国治。"意大利教育学家蒙泰格尼说："管理一个家庭的麻烦，并不少于治理一个国家。"一个人通过理家治家，可以在处理上下左右的人际关系中锻炼自己的沟通协调能力，在家庭重要活动中锻炼自己的组织能力，在情与理的复杂纠葛中锻炼自己的平衡判断能力，如此等等。《大学》曰："所谓治国必先齐其家者，其家不可教而能教人者，无之。"治理国家必须先管理好自己的家庭和家族，不能管教好家人而能管教好别人的人，是没有的。法国哲学家卢梭说："家庭是政治社会的原始模型。政治社会的首领就好比一个家庭中的父亲，人民好比家中的子女。"① 通过处理父亲和孩子的关系可以学习、训练官民的关系。"故君子不出家而成教于国：孝者，所以事君也；悌者，所以事长也；慈者，所以使众也。"② 这也就是说，有修养的人在家里就受到了治理国家方面的教育：对父母的孝顺可以用于对待君上，对兄长的恭敬可以用于对待官长，对子女的慈爱可以用于管理民众。

《论语》中讲过这样一则故事。当孔子没出来做官时有人问他说："夫子有这样的才能抱负，正当有所作为的时候，为

---

① 卢梭：《社会契约论》，李平沤译，商务印书馆2017年版，第5页。
② 梁振杰：《大学中庸集注》，河南大学出版社2016年版，第110页。

什么不出仕为官治理国政呢?"当时,季氏专权把持朝政,阳虎作乱为非作歹,没有孔子施展的舞台,因此孔子不肯轻易谋求官职,一般人并不知道其中的原因。孔子不为官的道理不便明讲,因此他用托词来回答提问的人说:"你听过《周书》中所说的孝吗?孝顺父母,友爱兄弟,又能将此孝友之心作为管理家族的指导思想,使长幼都能和睦相处。以《书经》的看法,人处在家庭之间,能带领家人正心修身,就是为政了。何必非要求个一官半职,才叫作为政呢?"孔子说过,"政者,正也"。"政"的意思,使不正的人归于正道。实施于整个国家,就是使一国的人服从教化,固然称为"为政";实施于一个家庭,使一家的人遵纪守法,也同样是"为政"。一言以蔽之,治家理家是治国理政的训练场。

不仅如此,《大学》认为,官员家庭的治理直接关系国家的治乱兴衰。众所周知,官员的身边不仅有配偶子女,有亲戚朋友,而且还有秘书、医生等许多人,而这些人后面又有若干个家庭和社会关系。所以,如何管理这些人,直接关系着成百上千人,并且间接关联着多个社会阶层。因此,他的所作所为,受到这些人的观望和效仿。《大学》说:"尧舜帅天下以仁,而民从之;桀纣帅天下以暴,而民从之;其所令反其所好,而民不从。是故君子有诸己而后求诸人,无诸己而后非诸人。所藏乎身不恕,而能喻诸人者,未之有也。故治国在齐其家。"

这就是说,尧舜用仁爱统治天下,老百姓就跟随着仁爱;桀纣用凶暴统治天下,老百姓就跟随着凶暴。如果统治者的命令与自己的实际做法相反,老百姓是不会服从的。所以,品德高尚的,总是自己先做到,然后才要求别人做到;自己先不这样做,然后才要求别人不这样做。不采取这种推己及人的恕道而想让别人按自己的意思去做,那是不可能的。所以,要治理国家必须先管理好自己的家庭和家族。

《大学》说:"一家仁,一国兴仁;一家让,一国兴让;一人贪戾,一国作乱。其机如此。此谓一言偾事,一人定国。""上老老而民兴孝;上长长而民兴弟;上恤孤而民不倍。"这就是说,官员在家庭施行孝悌,亲民爱人,上行下效,一国的百姓也会兴起和睦友爱之风;官员在家庭施行礼让,礼贤下士,一国的百姓也会兴起谦让礼貌之风。相反,官员的家庭如果贪婪腐败、飞扬跋扈,上行下效,一国人就会做违法乱纪的事情。齐家和治国相互联系的关键就在这里。

在治家理家的过程中,官员的配偶也非常重要。她可以相夫教子,打理家务,处理与亲戚朋友的往来,使她的丈夫无后顾之忧而心无旁骛地处理政事,甚至有可能匡正警醒夫君,减少他的过失。因此,《大学》认为,官员的配偶及其婚姻非常重要。

《诗经》云:"桃之夭夭,其叶蓁蓁。之子于归,宜其家人。"宜其家人,而后可以教国人。《诗经》云"宜兄宜弟",而后可以教国人。《诗经》云:"其仪不忒,正是四国。"成为领导人配偶的女子,关系着全家人的和睦,进而关系着一国人的和睦。兄弟和睦了,才能够让一国人都和睦。只有当这个人无论作为父亲、儿子,还是兄长、弟弟都值得人效法时,老百姓

251

才会去效法他,这就是要治理国家必须先管理好家庭和家族的道理!

由此可见,家庭、家族是治国理政的训练场,领导者的家庭管理关系着一个单位、一个地方乃至一个国家的兴衰治乱。所谓"治国在齐其家"的说法,绝非空穴来风!

总之,传统家训蕴含着丰富的修身成人的智慧,在现代社会有着巨大的价值。实质上,优秀家训的价值观与社会主义核心价值观的内在要求是一致的,传承家训是使社会主义核心价值观落地的好办法。我们应当以现代视角重新审视家训文化,通过寻找、征集、传播、传承家训,引导人们修身律己、崇德向善、礼让宽容,自觉践行社会主义核心价值观。

参考文献

1. 《十三经注疏》，中华书局 1980 年版。
2. 《史记》，司马迁撰，中华书局 2014 年版。
3. 《汉书》，班固撰，中华书局 1962 年版。
4. 《后汉书》，范晔撰，中华书局 1965 年版。
5. 《三国志》，陈寿撰，中华书局 1982 年版。
6. 《全上古三代秦汉三国六朝文》，严可均辑，中华书局 1958 年版。
7. 《大广益会玉篇》，顾野王撰，中华书局 1987 年版。
8. 《曹操集》，曹操撰，中华书局 1974 年版。
9. 《文心雕龙》，刘勰撰，浙江古籍出版社 2001 年版。
10. 《直斋书录解题》，陈振孙撰，中华书局 1985 年版。
11. 《女诫》，班昭撰，山东人民出版社 2018 年版。
12. 《女四书》，班昭等撰，团结出版社 2017 年版。
13. 《嵇中散集》，嵇康撰，商务印书馆 1937 年版。
14. 《颜氏家训集解》，颜之推撰，王利器集解，中华书局

1996年版。

15.《王梵志诗校注》，王梵志撰，项楚校注，上海古籍出版社1991年版。

16.《帝范》，李世民撰，中华书局1985年版。

17.《柳氏序训》，柳玭撰，《中华野史·唐朝卷》，泰山出版社2000年版。

18.《丞相魏公谭训》，苏象先撰，《全宋笔记》，大象出版社2008年版。

19.《范仲淹全集》，范仲淹撰，凤凰出版社2004年版。

20.《家范》，司马光撰，北方妇女儿童出版社2001年版。

21.《家训笔录》，赵鼎撰，《忠正德文集》本，上海古籍出版社1987年版。

22.《袁氏世范》，袁采撰，天津古籍出版社1995年版。

23.《范浚集》，范浚撰，范国梁校，浙江古籍出版社2015年版。

24.《吕氏乡约》，吕大钧撰，《蓝田吕氏遗著辑校》本，中华书局1993年版。

25.《家范》，吕祖谦撰，《吕祖谦全集》本，浙江古籍出版社2008年版。

26.《朱子全书》，朱熹撰，上海古籍出版社、安徽教育出版社2002年版。

27.《放翁家训》，陆游撰，《全宋笔记》，大象出版社2012年版。

28.《教子斋规》，真德秀撰，哈尔滨出版社2018年版。

29.《闺范》，吕坤撰，《中国古代版画丛刊二编》，上海古籍出版社 1994 年版。

30.《安得长者言》，陈继儒撰，中华书局 1985 年版。

31.《树萱背遗诗》，郑淑昭撰，《黔南丛书》，贵州人民出版社 2009 年版。

32.《训子语》，张履祥撰，《杨园先生全集》，中华书局 2002 年版。

33.《里堂家训》，焦循撰，上海科学技术文献出版社 2016 年版。

34.《家范典》，陈梦雷编辑，《古今图书集成》本。

35.《曾国藩全集》，曾国藩撰，岳麓书社 2011 年版。

36.《左宗棠全集》，左宗棠撰，岳麓书社 1986 年版。

37.《家规辑略》，曹端撰，《曹端集》，中华书局 2003 年版。

38.《荆园小语》，申涵光撰，中华书局 1985 年版。

39.《庭训格言》，爱新觉罗·玄烨撰，中州古籍出版社 2010 年版。

40.《曾文正公家训》，曾国藩撰，《曾文正公全集》，中国书店出版社 2011 年版。

41.《朱氏家训》，朱用纯原著，朱锦富撰集，广东人民出版社 2009 年版。

42.《郑氏规范》，郑文融、郑涛等撰集，中华书局 1985 年版。

43.《五种遗规》，陈宏谋编辑，中国华侨出版社 2012

年版。

44.《陆氏家制》，陆九韶撰，《续修四库全书》本。

45.《石林治生家训要略》，叶梦得撰，《丛书集成续编》本。

46.《许氏贻谋》，许相卿撰，《续修四库全书》本。

47.《泰泉乡礼》，黄佐撰，《四库全书》本。

48.《孝友堂家规》《孝友堂家训》，孙奇逢撰，《丛书集成初编》本。

49.《母教录》，郑珍辑，《巢经巢全集》本。

50.《续小儿语》，吕坤撰，《艺海珠尘丛书》刻本。

51.《弟子箴言》，胡达源撰，道光十五年闻妙香轩刻本。

52.《闺训新编》，秦云爽撰，康熙二十五年徐树屏刻本。

53.《女学言行纂》，李晚芳撰，乾隆五十二年刻本。

54.《范家集略》，秦坊辑，北京大学藏同治十年重刻本。

55.《葛端肃公家训》，葛守礼撰，嘉庆七年刻本。

56.《梅叟闲评》，郝培元撰，光绪十年东路厅署刻本。

57.《虞山史氏续修宗谱》，民国七年本。

58.《雾溪高氏宗谱》，民国三十五年本。

59.《洞庭东山沈氏宗谱》，民国二十三年本。

60.《梁安高氏宗谱》，光绪三年本。

61.《橘社金氏家谱》，康熙二十五年本。

62.《休宁宣仁王氏族谱》，万历三十八年本。

63.《古林黄氏重修族谱》，乾隆三十一年本。

64.《蛟川沙氏宗谱》，光绪十三年本。

65. 《文堂乡约家法》,隆庆六年本。

66. 《镇海柏墅方氏重修宗谱》,民国四年本。

67. 《绩溪华阳邵氏宗谱》,宣统二年本。

68. 《绩溪县南关憨叙堂许氏宗族宗谱》,光绪十五年本。

69. 《六修洞庭安仁里严氏族谱》,民国二十年本。

70. 《乐清仇氏大宗谱》,民国二十八年本。

71. 《歙新馆鲍氏著存堂宗谱》,光绪元年本。

72. 《绩溪上川明经胡氏宗谱》,宣统三年本。

73. 《苏州张氏家谱》,民国二十年本。

74. 《海城蒋氏宗谱》,民国三年本。

75. 《瑞安江夏郡场桥黄氏宗谱》,民国八年本。

76. 《镇海朱氏运石浦宗谱》,民国二十三年本。

77. 《重修南海佛山霍氏大宗谱》,道光二十八年本。

78. 《中国历代家训大全》,徐少锦等主编,中国广播电视出版社1993年版。

79. 《中国家训名篇》,赵忠心选,湖北教育出版社1997年版。

80. 《名臣家训》,夏家善主编,天津古籍出版社1997年版。

81. 《中国家训史》,徐少锦、陈延斌著,陕西人民出版社2003年版。

82. 《传统家训思想通论》,王长金著,吉林人民出版社2006年版。

83. 《家训辑览》,张艳国编著,武汉大学出版社2007

年版。

84.《中国家训史论稿》，朱明勋著，巴蜀书社2008年版。

85.《中国宗谱》，周芳龄、阎明广编译，中国社会科学出版社2008年版。

86.《中国历代名人家训精粹》，包东波选编，安徽文艺出版社2010年版。

87.《中国历代家训文献叙录》，赵振著，齐鲁书社2014年版。

88.《中华家训大全》，陈君慧主编，北方文艺出版社2014年版。

89.《以德齐家：浙江家风家训研究》，陈寿灿、杨云等著，浙江工商大学出版社2015年版。

90.《苏州家训选编》，王卫平、李学如选编，苏州大学出版社2016年版。

91.《中国历代家训集成》，楼含松主编，浙江古籍出版社2017年版。

92.《明清以来徽州区域社会经济研究》，唐力行著，安徽大学出版社1999年版。

93.《横看成岭侧成峰——明清地域商帮的共性》，范金民著，《传统中国研究集刊》第12—13合辑，上海社会科学院出版社2015年版。

后　　记

传统家训根植于中华文明的土壤，枝柯繁茂，在文化史上独成一系，具有典型的民族性。长期以来，家训研究依附谱牒学及家族社会研究，未取得独立的地位。直到二十世纪九十年代，相关研究始兴，近十余年遂至于盛。家训为社会和学界广泛关注，一方面是受到二十世纪末中国文化研究热潮的影响，另一方面则与国家提倡传统文化复兴、当代文化建设需求有着密切的关系。当然，还有一个重要因素，即家训文献丰富的遗存值得深入挖掘。

2016年，浙江金华市委、市纪委与浙江师范大学商讨合作编撰《家正国兴：传统家规家训的历史与价值》一书。我牵头组织十三人学术团队，历时半年撰成初稿。几经修改，该书于2017年印行，何毅亭先生为之撰序。2020年2月，应中国方正出版社之邀，组织团队，编撰《中华家训简史》。具体分工如下：导论，李圣华负责；第一章、第二章，孙晓磊负责；第三章、第四章，宋清秀负责；第五章，鲍有为负责；第六章，崔小敬负责；结语，王锟负责。历时十月，始成书稿。全书由我和王锟、崔小敬负责统稿校改，郑微微参与部分校改工作。书中借鉴旧稿部分内容，原撰者则分列入编委名单。

就传统家训的历史影响、文献遗存来说，当前家训理论阐释、文献整理发掘仍处于起步阶段，有待深入探讨的领域还有很多。家训文化传承对当代文化建设、国家治理现代化有着积极的意义，家训研究对推动中国思想史、社会史、伦理学、教育学、文学文化研究都也有一定的价值。本书对传统家训历史简作粗线条勾勒，述其梗概，限于篇幅，许多问题点到即止，挂一漏万，在自然情理中。又因编撰时间仓促，作者水平有限，书中难免存在疏漏错讹之处，敬请读者批评指正。

李圣华
2021 年 1 月

图书在版编目（CIP）数据

中华家训简史/李圣华，王锟，崔小敬主编. —北京：中国方正出版社，2021.1
ISBN 978-7-5174-0911-3

Ⅰ.①中… Ⅱ.①李… ②王… ③崔… Ⅲ.①家庭道德—文化史—中国 Ⅳ.①B823.1

中国版本图书馆CIP数据核字（2021）第009828号

中华家训简史
ZHONGHUA JIAXUN JIANSHI
李圣华　王　锟　崔小敬　主编

责任编辑：陈金华
责任校对：周志娟
责任印制：李惠君

出版发行	中国方正出版社
	（北京市西城区广安门南街甲2号　邮编：100053）
	编辑部：（010）59594614　发行部：（010）66560936
	印制部：（010）59594625　门市部：（010）66562755
	邮购部：（010）66560933
	网　　址：www.lianzheng.com.cn
经　销	新华书店
印　刷	保定市中画美凯印刷有限公司
开　本	787毫米×1092毫米　1/16
印　张	17
字　数	171千字
版　次	2021年1月第1版　2022年8月北京第4次印刷

（版权所有　侵权必究）

ISBN 978-7-5174-0911-3　　　　　　　　　定价：45.00元

（本书如有印装质量问题，请与本社发行部联系退换）